石油化工安装工程技能操作人员技术问答丛书

油　漆　工

丛　书　主　编　吴忠宪
本　册　主　编　张宝杰
本册执行主编　杨新和

中国石化出版社

图书在版编目（CIP）数据

油漆工/张宝杰主编．—北京：中国石化出版社，2018.7（2021.1重印）
（石油化工安装工程技能操作人员技术问答丛书/吴忠宪主编）
ISBN 978-7-5114-4792-0

Ⅰ.①油…　Ⅱ.①张…　Ⅲ.①涂漆-基本知识
Ⅳ.①TQ639

中国版本图书馆CIP数据核字（2018）第162361号

中国石化出版社出版发行
地址:北京市东城区安定门外大街58号
邮编:100011　电话:(010)57512500
发行部电话:(010)57512575
http://www.sinopec-press.com
E-mail:press@sinopec.com
北京柏力行彩印有限公司印刷
全国各地新华书店经销
*
880×1230毫米32开本6.375印张136千字
2018年8月第1版　2021年1月第2次印刷
定价:30.00元

序　一

《石油化工安装工程技能操作人员技术问答丛书》（以下简称《丛书》）就要正式出版了，这是继《设计常见问题手册》出版后炼化工程在“三基”工作方面完成的又一项重要工作。

《丛书》图文并茂，采用问答的形式对工程建设过程的工序和技术要求进行了诠释，充分体现了实用性、准确性和先进性的结合，对安装工程技能操作人员学习掌握基础理论、增强安全质量意识、提高操作技能、解决实际问题、全面提高施工安装的水平和工程建设降本增效一定会发挥重要的作用。

我相信，这套《丛书》一定会成为行业培训的优秀教材并运用到工程建设的实践，同时得到广大读者的认可和喜爱。在《丛书》出版之际，谨向《丛书》作者和专家同志们表示衷心的感谢！

中国石油化工集团公司副总经理
中石化炼化工程（集团）股份有限公司董事长

2018 年 5 月 16 日

序　二

近年来，随着石油化工行业的高速发展，工程建设的项目管理理念、方法日趋完善；装备机械化、管理信息化程度快速提升；新工艺、新技术、新材料不断得到应用，为工程建设的安全、质量和降本增效提供了保障。基于石油化工安装工程是一个劳动密集型行业，劳动力资源正处在向社会化过渡阶段，工程建设行业面临系统内的员工教培体系弱化，社会培训体系尚未完全建立，急需解决普及、持续提高参与工程建设者的基础知识、基本技能的问题。为此，我们组织编制了《石油化工安装工程技能操作人员技术问答丛书》（以下简称《丛书》），旨在满足行业内初、中级工系统学习和提高操作技能的需求。

《丛书》包括专业施工操作技能和施工技术质量两个方面的内容，将如何解决施工过程中出现的“低老坏”质量问题作为重点。操作技能方面内容编制组织技师群体参与，技术质量方面内容主要由技术质量人员完成，涵盖最新技术规范规程、标准图集、施工手册的相关要求。

《丛书》从策划到出版，近两年的时间，百余位有着较深理论水平和现场丰富经验的专家做出了极大努力，查阅大量资料，克服各种困难，伏案整理写作，反复修改文稿，终成这套《丛书》，集公司专家最佳工作实践之大成。通过《丛书》的使用提高技能，更好地完成工作，是对他们最好的感谢。

在《丛书》出版之际，我代表编委会向参编的各位专家、向所有为《丛书》提供相关资料和支持的单位和同志们表示衷心的感谢！

中石化炼化工程（集团）股份有限公司副总经理

《丛书》编委会主任

2018 年 5 月 16 日

前　言

石油化工生产过程具有“高温高压、易燃易爆、有毒有害”的特点，要实现“安、稳、长、满、优”运行，确保安装工程的施工质量是重要前提。“施工的质量就是用户的安全”应成为石油化工安装工程遵循的基本理念。

“工欲善其事，必先利其器”。要提高石油化工安装工程质量，首先要提高安装工程技能操作人员队伍的素质。当前，面临分包工程比重日益上升的现状，为数众多的初、中级工的培训迫在眉睫，而国内现有出版的石油化工安装工人培训书籍或者侧重于理论知识，或者侧重于技师等较高技能工人群体，尚未见到系统性的、主要针对初、中级工的专业培训书籍。为此，中石化炼化工程（集团）股份有限公司策划和组织专家编写了《石油化工安装工程技能操作人员技术问答丛书》，希望通过本丛书的学习和应用，能推动石油化工安装技能操作人员素质的提升，从而提高施工质量和效率，降低安全风险和成本，造福于海内外石油化工施工企业、石化用户和社会。

丛书遵循与现行国家标准规范协调一致、实用、先进的原则，以施工现场的经验为基础，突出实际操作技能，适当结合理论知识的学习，采用技术问答的形式，将施工现场的“低老坏”质量问题如何解决作为重点内容，同时提出专业施工的HSSE要求，适用于石油化工安装工程技能操作人员，尤其是初、中级工学习使用，也可作为施工技术人员进行技术培训所用。

丛书分为九卷，涵盖了石油化工安装工程管工、金属结构制作工、电焊工、钳工、电气安装工、仪表安装工、起重工、油漆工、保温工等九个主要工种。每个工种的内容根据各自工种特点，均包括以下四个部分：

第一篇，基础知识。包括专业术语、识图、工机具等概念，强调该工种应掌握的基础知识。

第二篇，基本技能。按专业施工工序及作业类型展开，强调该工种实际的工作操作要点。

第三篇，质量控制。尽量采用图文并茂形式，列举该工种常见的质量问题，强调问题的状况描述、成因分析和整改措施。

第四篇，安全知识。强调专业施工安全要求及与该工种相关的通用安全要求。

《石油化工安装工程技能操作人员技术问答丛书》由中石化炼化工程（集团）股份有限公司牵头组织，《管工》和《金属结构制作工》由中石化宁波工程有限公司编写，《电气安装工》由中石化南京工程有限公司编写，《仪表安装工》《保温工》和《油漆工》由中石化第四建设有限公司编写，《钳工》由中石化第五建设有限公司编写，《起重工》和《电焊工》由中石化第十建设有限公司编写，中国石化出版社对本丛书的编辑和出版工作给予了大力支持和指导，在此谨表谢意。

石油化工安装工程涉及面广，技术性强，由于我们水平和经验有限，书中难免存在疏漏和不妥之处，热忱希望广大读者提出宝贵意见。

丛书主编 吴忠宪

2018 年 5 月 16 日

《石油化工安装工程技能操作人员技术问答丛书》
编　委　会

刘小平　中石化宁波工程有限公司 高级工程师

李永红　中石化宁波工程有限公司副总工程师兼技术部主任 教授级高级工程师

宋纯民　中石化第十建设有限公司技术质量部副部长 高级工程师

肖珍平　中石化宁波工程有限公司副总经理 教授级高级工程师

张永明　中石化第五建设有限公司技术部副主任 高级工程师

张宝杰　中石化第四建设有限公司副总经理 教授级高级工程师

杨新和　中石化第四建设有限公司技术部副主任 高级工程师

赵喜平　中石化第十建设有限公司副总工程师兼技术质量部部长 教授级高级工程师

南亚林　中石化第五建设有限公司总工程师 高级工程师

高宏岩　中石化炼化工程（集团）股份有限公司高级工程师

董克学　中石化第十建设有限公司副总经理 教授级高级工程师

《石油化工安装工程技能操作人员技术问答丛书》

主　　编：吴忠宪　中石化第十建设有限公司党委书记兼副总经理 教授级高级工程师

副 主 编：刘小平　中石化宁波工程有限公司 高级工程师
孙桂宏　中石化南京工程有限公司技术部副主任 高级工程师
杨新和　中石化第四建设有限公司技术部副主任 高级工程师
王永红　中石化第五建设有限公司技术部主任 高级工程师
赵喜平　中石化第十建设有限公司副总工程师兼技术质量部部长 教授级高级工程师
高宏岩　中石化炼化工程（集团）股份有限公司 高级工程师

《油漆工》分册编写组

主　　编：张宝杰　中石化第四建设有限公司副总经理　教授级高级工程师

执行主编：杨新和　中石化第四建设有限公司技术部副主任　高级工程师

副 主 编：王　志　天津星源石化工程有限公司董事长　高级工程师

编　　委：高天波　天津星源石化工程有限公司　高级工程师
刘明军　天津星源石化工程有限公司　工程师
郝吉路　天津星源石化工程有限公司　工程师
李以宏　天津星源石化工程有限公司　高级工程师
王　娟　中石化第四建设有限公司　高级工程师
王　薇　中石化第四建设有限公司　工程师

目　　录

第一篇　基础知识

第二篇　基本技能

第三篇　质量控制

第四篇 安全知识

第一篇　基础知识

第一章 专业术语

1. 什么是油漆？

涂于基层表面能形成具有腐蚀保护、装饰或特殊性能（如标识、绝缘、耐磨等）的连续固态涂膜的一类液态或固态材料的总称。

2. 什么是涂装？

将涂料涂覆于基层表面形成具有保护、装饰或特定功能的过程。

3. 什么是表面粗糙度？

基层表面经处理后所具有的较小间距和微小峰谷的不平度。

4. 什么是涂层？

一道涂覆所得到的连续膜层。

5. 什么是粘接力？

涂层与基层表面或涂层之间形成的附着力和强度。

6. 什么是附着力？

涂层与基底间结合力的综合。附着力是指油漆膜与被涂物表面之间或涂层之间相互结合的能力。附着力是一项重要的技术指标，是漆膜具备一系列性能的前提。附着力好的漆膜经久耐用，具备使用要求的性能，附着力差的漆膜容易开裂、脱落，甚至无法使用。

7. 什么是防腐层?

主要用于防止钢材腐蚀的一类涂层。

8. 什么是防腐结构?

根据不同的防腐要求，而设置的不同涂层和涂层厚度要求，也包括基层的除锈等级。设备和管道有保温要求的，只做底漆；没有保温要求的，增加面漆；而重防腐时，增加中间漆和面漆。

第二章 油漆知识

1. 常用的油漆种类有哪些?

(1)沥青漆：沥青漆以煤焦油沥青以及煤焦油为主要原料，加入稀释剂、改性剂、催干剂等有机溶剂组成。主要原料的配比一般因气候、温度、使用环境的不同而不同，改性剂的使用按需求不同而添加。

(2)醇酸树脂漆：以醇酸树脂为主要成膜物质的合成树脂涂料。醇酸树脂是由脂肪酸(或其相应的植物油)、二元酸及多元醇反应而成的树脂。生产醇酸树脂常用的多元醇有甘油、季戊四醇、三羟甲基丙烷等；常用的二元酸有邻苯二甲酸酐(即苯酐)、间苯二甲酸等。醇酸树脂涂料具有耐候性、附着力好和光亮、丰满等特点，且施工方便。但涂膜较软，耐水、耐碱性欠佳，醇酸树脂可与其他树脂配成多种不同性能的自干或烘干磁漆、底漆、面漆和清漆。

(3)环氧树脂漆：以环氧树脂为主要成膜物质的涂料。种类众多，以固化方式分类有自干型单组分、双组分和多组分液态环氧涂料；烘烤型单组分、双组分液态环氧涂料；粉末环氧涂料和辐射固化环氧涂料。以涂料状态分类有溶剂型环氧涂料、无溶剂环氧涂料和水性环氧涂料。

(4)酚醛树脂漆：以酚醛树脂或改性酚醛树脂与干性植物油为主要成膜物质的涂料。

(5)过氯乙烯漆：运用高分子合成技术获得的新型特级橡胶防水涂料，其加入了环氧树脂和树脂基团，使涂料更具多功能与环保性能，具有防水、防腐、防潮、防霉等功效。

(6)聚氨酯漆：即聚氨基甲酸酯漆。漆膜强韧，光泽丰满，附着力强，耐水耐磨、耐腐蚀性。

(7)氯磺化聚乙烯漆：氯磺化聚乙烯漆由氯磺化聚乙烯橡胶、改性树脂、颜料、助剂及溶剂等组成，具备很好的耐候性、耐光性、抗老化性。

(8)氯化橡胶漆：氯化橡胶漆由天然或合成橡胶经氯化改性后得到的白色或微黄色粉末氯化橡胶、增塑剂及颜料等助剂组成，具有良好的粘附性、耐化学腐蚀性、快干性、防透水性和难燃性。

(9)高氯化聚乙烯漆：由高氯化聚乙烯树脂、增塑剂合成树脂及其惰性颜料和助剂组成。具有卓越的耐久性和耐候性(户外型)。漆膜附着力强、柔韧性及抗冲击性能好。耐水、耐油、耐工业大气腐蚀，施工简便、干燥迅速、对施工环境条件无限制性要求。涂层兼具防霉、阻燃性能。

(10)丙烯酸漆：丙烯酸漆主要由丙烯酸树脂、体质颜料、助剂、有机溶剂等配制而成。丙烯酸漆漆膜干燥快，附着力好，耐热性、耐候性能好，具有较好的户外耐久性，可在较低气温条件下应用。

(11)氟碳漆：以氟树脂为主要成膜物质的涂料；又称氟碳涂料、氟涂料、氟树脂涂料等。

(12)聚硅氧烷漆：是一种高性能，双组分，高固体含量的无机混合型面漆，符合所有现行的 VOC 法规，且不含异氰酸盐。

(13)水漆：是以水为稀释剂的涂料。具有节能环保、不燃不爆、超低排放、低碳健康等特点，并且漆膜丰满、柔韧性好、耐水、耐磨、耐老化、耐黄变。

(14)耐高温漆：耐高温漆可以在300℃以上环境中使用，主要品种是有机硅铝粉耐热漆、丙烯酸改性有机硅耐热漆等。

(15)导静电漆：是以耐油性和耐腐蚀性能优异的环氧树脂为主要成膜剂，用氯磺化聚乙烯橡胶作主要改性剂，加入导电颜料、填料、导电助剂、溶剂等，制备而成的耐油导静电专用双组分重防腐涂料。

2. 油漆的主要成分是什么?

油漆的主要成分分为主要成膜物质、次要成膜物质和辅助成膜物质。

(1)主要成膜物质：构成漆膜的主要物质。刷涂后形成完整、坚韧的保护膜，实现油漆的最重要的功能。主要有油料、树脂和无机胶凝材料等。

(2)次要成膜物质：次要成膜物质也是构成漆膜的组成部分，与主要成膜物质混合在一起形成完整的漆膜，但不能单独成膜，主要有颜料和填充料，体现出油漆的装饰功能。次要成膜物质能增加油漆漆膜的厚度，提高漆膜的遮盖能力，提高漆膜的自然寿命、耐候性、强度等，减小漆膜的收缩和龟裂。

(3)辅助成膜物质：辅助成膜物质不能形成漆膜，但对漆膜的形成和漆膜的寿命有着非常大的影响。主要有稀释剂和固化剂。

3. 什么是带锈底漆?

带锈底漆是可直接涂覆在具有一定锈蚀的钢铁表面上，仍能起到缓蚀作用的一类防锈油漆，亦称锈面油漆、锈上油漆、不去锈油漆等。将它涂于有残锈的金属表面，能使铁锈稳定、钝化或转化，使活泼的铁锈变为无害的物质，以达到防锈和保护的双重作用。

4. 什么是自流平油漆？

自流平油漆为无溶剂、自流平、粒子致密的厚浆型环氧地坪油漆。油漆施工过程中，油漆呈现一定的流展性，每层涂层干膜厚度不小于300μm，干燥后没有施工痕迹，并有装饰效果的厚型油漆。

它是多种材料同水混合而成的液态物质，倒在被涂覆物表面上，这种物质可根据被涂覆物表面的高低不平顺势流动，对被涂覆物表面进行自动找平。

5. 什么是厚浆型防腐蚀油漆？

厚浆型防腐蚀油漆为环氧树脂型高分子防腐防水系列，使用寿命为永久性防腐防水材料。具有适用范围广、寿命长，耐候性、抗变形、拉伸强度高、延伸率大，对基层收缩和开裂变形适应性强、抗酸性、抗碱性、防腐防水性能优越。厚浆型油漆施工方便，一次能获得较大膜厚，耐水耐碱性好，能低温固化、具有优异的防腐蚀性能。厚浆型油漆主要应用于船舶的防腐蚀、海上石油钻井架的防腐蚀、桥梁浸水部位及钢桩防腐、化工厂设备防腐等。

6. 厚浆型油漆有哪些分类？

厚浆型油漆一般分为两大类：

(1)物理干燥型，如乙烯系、氯化橡胶系等。物理干燥型经溶剂的挥发而成坚硬的漆膜，其特点是能在低温下施工，层间结合力好，没有活性期问题，没有最大涂装间隔问题。

(2)化学干燥型，如环氧油漆、聚氨酯油漆。化学干燥是通过氧化、聚合、缩合而成膜，漆膜坚硬、耐磨、耐腐蚀 、耐油。

7. 什么是玻璃鳞片油漆？

在热固性树脂里填充经特殊处理的鳞片状玻璃。由于玻璃鳞片在涂层中是重叠排列的，因此对涂膜的抗渗透性起了很大作用。涂装方法可采用刷涂、高压无气喷涂或辊筒涂装。

8. 玻璃鳞片油漆的应用范围和特点有哪些？

（1）玻璃鳞片油漆应用于石油化工管道、设备、海洋设施、舰船甲板、煤气厂的贮气柜等，还可作为玻璃钢设备的防渗层。

（2）玻璃鳞片油漆受介质、气体、水蒸气的渗入远小于普通的玻璃钢。不容易产生介质扩散，可有效地避免底蚀、分散、鼓泡、剥离等物理破坏。

（3）玻璃鳞片油漆硬化时收缩率小。由于玻璃鳞片分散了应力，各接触面的残余应力小，热膨胀系数也小，故粘结强度不会因热胀而衰减，热稳定性好。

（4）玻璃鳞片油漆耐磨性和对擦伤抵抗性较强，遇机械损伤只限于局部，扩散趋势小。

（5）玻璃鳞片油漆修复性好。使用几年后，破坏处只需要简单处理，即可修复。

（6）玻璃鳞片油漆对防护面适应性强，尤其适合于复杂表面的防腐。

（7）玻璃鳞片油漆施工性好。鳞片防腐可用喷涂、滚涂、刮涂等多种方法施工，现场配料方便，可室温固化及热固化。

9. 醇酸调和漆的优缺点有哪些？

（1）优点：醇酸调和漆是人造漆的一种，漆膜较软，均匀，稀稠适度，附着力好，不易脱落、龟裂、松化，经久耐用，耐腐蚀，遮盖能力强，施工方便。

（2）缺点：干燥较慢。

10. 醇酸调和漆适用的范围是什么?

(1)醇酸调和漆以干性油和颜料研磨后，加入催干剂和溶剂调配而成。这种漆适于室外饰面的涂刷。

(2)醇酸调和漆适用于室内外门窗、办公室器具、各种交通车辆、船舶水线以上船壳、船舱、钢结构支架、桥梁、高架铁塔、井架、采矿机械、暖气片、铁桶外壁、农业机械、起重机、推土机、丝漆印、电工绝缘器材等。

11. 醇酸磁漆的优缺点有哪些?

(1)优点：醇酸磁漆价格便宜、施工简单、对施工环境要求不高，涂膜丰满坚硬，耐久性和耐候性较好，装饰性和保护性都比较好。

(2)缺点：醇酸磁漆不是高性能腐蚀防护油漆。它的渗透性相对较高，湿气和离子会渗透涂层与底材接触。这种油漆不宜用在水下。该油漆也不是耐碱性油漆，碱性物质会和涂层发生皂化反应，导致涂层完整性差，从表面脱落。新的混凝土表面、镀锌表面和富锌油漆表面都是碱性表面，这些表面都不适合涂装醇酸磁漆。

12. 醇酸磁漆适用的范围是什么?

醇酸磁漆主要用于金属及木制品表面的保护及装饰性涂覆。但抗气候变化的能力较调和漆差，易失光、龟裂，故用于室内较为适宜。

13. 聚氨酯漆的优缺点有哪些?

(1)聚氨酯漆优点：漆膜的耐磨性特强，具有优异的保护性，并具美观的装饰性。漆膜附着力强，又具有高弹性和良好的机械性能，各方面的性能都比较好。

(2)聚氨酯漆缺点：主要有漆膜遇潮起泡、漆膜粉化等问题，并存在颜色变黄的问题。

14. 聚氨酯漆的适用范围是什么?

(1)聚氨酯漆具有其较高的断裂伸长特性，广泛应用于高性能装饰面、甲板、以及家装地板的涂装。

(2)凭借其优秀的装饰性以及防护性能，被广泛用于大型飞机、高端木器品、钢琴表面的涂装。

(3)聚氨酯漆漆膜具有优良的粘合附着性，使其在金属、橡胶、塑料、混凝土、木材等不宜附着的表面能够紧密贴合。

(4)所拥有的化学用品防御、耐酸碱、耐盐液的特性使其也可应用于船舶涂装、化工厂设备保护、户外钻井机械、石油贮存罐体内侧的保护涂覆。

(5)聚氨酯漆还可以涂覆于电磁线之上，在熔融的焊锡表面，形成自动上锡状态，适合电器仪表及电讯器材的装饰配套。

15. 环氧漆的优缺点有哪些?

环氧漆优点:

(1)漆膜对金属(钢、铝等)、陶瓷、玻璃、混凝土、木材等极性底材都具有非常好的附着力。

(2)环氧漆固化时体积收缩率低(仅2%左右)，这样内应力小，而不损失附着力。

(3)抗化学品性能佳，涂膜在经过干燥固化后呈三维网状结构，广泛用于防腐蚀配套中的底漆、防腐油漆。

(4)环氧漆根据特性和用途可制成无溶剂、水性环氧油漆及高固漆，符合环保要求，并能获得厚涂层。

环氧漆缺点:

(1)抗老化性差，因环氧树脂中含有苯环经紫外线照射非常容易降解粉化，故耐候性差。

(2)低温固化性差，如10℃以下则反应缓慢且困难。

16. 环氧漆适用的范围是什么?

(1)环氧漆作为底漆的用途：环氧底漆可以提供优良的附着力，作为底材和整个涂层的连接涂层。

(2)环氧漆作为中间漆的用途：增加漆膜的厚度，提高油漆涂层耐久性，增加使用年限。

(3)环氧漆作为面漆的用途：环氧面漆主要提供室内的、地下的、水下的防腐作用。

17. 有机硅漆的优缺点有哪些?

有机硅漆优点：

(1)具有良好的耐热性，能在300~700℃范围内使用。

(2)具有常温下能自干的特点，但烘干后的漆膜性能更好。

(3)具有附着力强、抗潮、耐冲击及耐大气腐蚀等良好的性能。

有机硅漆缺点：

耐汽油性较差，个别品种漆膜较脆，附着力差。

18. 有机硅漆的适用范围是什么?

有机硅漆作为耐高温漆可用于锅炉、高炉、烘箱、排气管、高温设备、管道的表面。

19. 过氯乙烯油漆的优缺点有哪些?

(1)过氯乙烯油漆优点：有着较为优良的防腐性能，耐化学腐蚀性好、抗水防潮、不易燃烧。

(2)过氯乙烯油漆缺点：在80~90℃下会缓慢分解，145℃以上时加速分解，因此过氯乙烯使用温度不宜超过60℃。

20. 过氯乙烯漆的适用范围是什么?

过氯乙烯漆适用于港口、铁路设施，海上采油平台，公路桥梁，石油、化工车间，冶炼、钢铁设备，集装箱、管道、木材表面及混凝土表面，厂房构筑物的保护。

21. 氯化橡胶漆有哪些特点？

(1)氯化橡胶漆漆膜致密而发脆，常加入氯化石蜡作为增塑剂。

(2)漆膜的水蒸气和氧气透过率极低，仅为醇酸树脂的1/10，因此具有良好的耐水性和防锈性能。

(3)氯化橡胶在化学上呈惰性，因此具有优良的耐酸性和耐碱性。

(4)氯化橡胶油漆有着良好的附着力，它可以被自身的溶剂所溶解，所以涂层与涂层之间的附着力很好，涂层即使使用了1~2年，重涂性仍然很好，可以在低温下施工应用，具有阻燃性。

(5)氯化橡胶油漆干燥快，施工方便。

22. 氯化橡胶漆的应用范围是什么？

氯化橡胶漆适用于码头、船舶、油罐、煤气罐、管道、化工设备及厂房钢结构的防腐蚀，也适用于墙壁、水池、地下甬道的混凝土表面装饰保护。不适用于与苯类溶剂接触的环境。

23. 沥青漆有哪些特点？

(1)沥青漆具有比较优良的耐水及耐化学药品腐蚀的特点，耐热性高，干燥时间短，防腐效果好，而且价廉易得，施工简单。

(2)沥青漆大多为黑棕色，装饰性差。

(3)沥青漆的漆膜上不能再涂饰其他类型的油漆。

(4)沥青漆耐候性差。

24. 沥青漆的适用范围是什么？

适用于高温、潮湿、化学、空气污染及海边盐分高等易于腐蚀环境之钢铁结构、电气化铁路系统、船舶、桥梁及各类镀锌器材铁管、镀锌钢架构造物之防护油漆。

25. 环氧富锌底漆有哪些特点?

(1)环氧富锌底漆防腐性能优异，附着力强，机械性能好、漆膜中锌粉含量高，具有阴极保护作用，耐水性能优异，可用作车间预涂底漆，其膜厚在15～25μm时进行焊接，不影响焊接性能。

(2)耐候性不好，日光照射久了有可能出现粉化现象，只能用于底漆或室内用漆。

26. 环氧富锌底漆的适用范围是什么?

作防腐涂层的配套底漆，有阴极保护作用，适用于储罐、集装箱、钢结构、钢管、海洋平台、船舶、海港设施以及恶劣防腐蚀环境的底涂层等。

27. 无机富锌底漆的优缺点有哪些?

(1)优点：无机富锌底漆硬度高，固化后不容易破损；对于耐盐雾性，特别是在海水中，单层无机富锌的性能非常优异，完全能达到长效防腐；具有良好的耐热和耐溶剂、耐化学品性能以及良好的导静电能力。

(2)缺点：金属表面处理要求高，对差的表面十分敏感，损坏部位容易分层，表面多孔，会导致后道漆的针孔和气泡，需要采用高压无气喷涂；脆性大，所以不适合用于薄壁金属表面，但是非常适合用于大型钢结构，因为大型钢结构的变形并不大。

28. 无机富锌底漆的适用范围是什么?

适用于常温条件下的钢铁防腐蚀涂层，如水工设备、海上设施、油田设施、油槽、油罐、煤矿钢制水槽、油管、溶剂槽、桥梁、舰船、地下管线、铁塔等钢铁的防腐蚀涂层。高温条件下的防腐蚀涂装，如导热管、火力电站、烟囱等。

29. 导静电油漆的性能有哪些?

（1）导静电油漆是以耐油和耐腐蚀性能优异的环氧树脂为主要成膜剂，以长效型氯磺化聚乙烯橡胶做主要改性剂，加入导电颜料、填料、导电助剂、溶剂等，经先进工艺制备而成的耐油导静电专用双组分重防腐油漆。

（2）导静电油漆防腐性能好，涂层附着力强，抗冲击性优，抗渗透性好，耐湿热性优，耐水性好。

（3）导静电油漆耐油性能佳，涂层可以在天然气、煤气和汽油、煤油、柴油、润滑油等油品中长期使用。

（4）导静电油漆导电性能强。

30. 导静电油漆适用的范围是什么?

（1）石油、化工、铁路、交通等行业储油罐、输油管道、盛油槽车、油轮等贮油、输油设备的内外壁防腐防静电保护。

（2）煤气罐、水闸、地下管道等的防腐防静电保护。

（3）煤矿、航空、纺织、粮食等行业设备、设施的防腐防静电保护。

31. 氟碳油漆有哪些特点?

（1）氟碳油漆是指以氟树脂为主要成膜物质的油漆，又称氟碳漆、氟油漆、氟树脂油漆等。在各种油漆之中，氟树脂油漆由于引入的氟元素电负性大，碳氟键能强，具有特别优越的各项性能。耐候性、耐热性、耐低温性、耐化学药品性能优，而且具有独特的不粘性和低摩擦性。

（2）氟碳油漆有优良的防腐蚀性能。表面硬度高、耐冲击、抗屈曲、耐磨性好，显示出极佳的物理机械性能。

（3）氟碳油漆免维护、自清洁。氟碳涂层有极低的表面能，不会粘尘、结垢，防污性好。

(4)氟碳油漆附着性能优良。在铜、不锈钢等金属、聚酯、聚氨酯、氯乙烯等塑料、水泥、复合材料等表面都具有优良的附着力。

(5)氟碳油漆具有超长耐候性。涂层中含有大量的F—C键，具有超强的稳定性，不易粉化、不易褪色，使用寿命可达20年。

(6)氟碳油漆在外墙应用时对施工条件和配套材料要求高，涂层刚性，弹性差，易出现开裂、脱皮现象。

(7)氟碳油漆装饰性一般，造价高。

(8)氟碳油漆含有大量的有机挥发物(VOC)，对环境污染严重。

32. 氟碳油漆的适用范围是什么?

氟碳油漆在化学工业、电器电子工业、机械工业、航空航天产业、家庭用品的各个领域得到广泛应用。应用比较广泛的氟碳油漆主要有PTFE、PVDF、PEVE三大类型。

33. 什么是重防腐油漆?

重防腐油漆是相对常规防腐油漆而言，是指能在相对苛刻的腐蚀环境里应用，并具有比常规防腐油漆更长保护期的一类防腐油漆。

重防腐油漆具有两个显著特征：一是能在苛刻条件下使用，并具有长效防腐寿命。重防腐油漆在化工大气和海洋环境里，一般可使用10年或15年以上，即使在酸、碱、盐和溶剂介质里，在一定温度条件下，也能使用5年以上。二是厚膜化，一般防腐油漆的涂层干膜厚度为100μm或150μm左右，而重防腐油漆干膜厚度在200μm或300μm以上，还有500μm或1000μm，甚至达到2000μm。

重防腐油漆主要应用在船舶、集装箱、石油化工、建筑钢结构、铁路、桥梁、电力和水利等行业。

34. 什么是底漆?

底漆是油漆系统的第一层，可以保证下一层油漆的均匀吸收，使油漆系统发挥最佳效果。

35. 底漆的作用是什么?

(1)底漆具有屏蔽作用。金属表面涂敷油漆以后，相对来说就把金属表面和环境隔开了，这种保护作用可称为屏蔽作用。如氯化橡胶防锈底漆、环氧铁红防锈底漆、厚浆型环氧油漆、环氧云铁防锈底漆、环氧煤沥青油漆、环氧玻璃鳞片等。

(2)底漆具有缓蚀作用。借助油漆的内部组分与金属反应，使金属表面钝化或生成保护性的物质以提高涂层的防护作用。另外，一些油料在金属皂的催干作用下生成的降解产物，也能起到有机缓蚀剂的作用。如红丹醇酸防锈油漆、锌黄醇酸防锈油漆、环氧磷酸锌防锈油漆等。

(3)底漆具有电化学保护作用。介质渗透涂层接触到金属表面就会形成膜下的电化学腐蚀。在油漆中使用活性比铁高的金属如锌等做填料，会起到牺牲阳极的保护作用，而且锌的腐蚀产物是盐基性的氯化锌、碳酸锌，它会填满膜的空隙，使膜紧密，而使腐蚀大大降低。如环氧富锌底漆、醇溶性无机富锌底漆、水性无机富锌底漆。

36. 常见的底漆有哪些?

铁红醇酸树脂底漆、橡胶醇酸底漆、丙烯酸/环氧树脂底漆、磷化底漆、环氧磷酸锌底漆、无机富锌底漆、环氧富锌底漆、环氧煤沥青底漆。

37. 什么是中间漆？

中间漆是涂覆在底漆之后的涂层，能更好的封闭底漆，增强底漆的防锈效果，增加面漆对下层油漆的附着力，延长整个防腐涂层的使用寿命。

38. 中间漆的作用是什么？

(1)主要作用是增加油漆的漆膜厚度。

(2)能更加完全封闭底漆，起到更为有效的屏蔽作用。

(3)对底漆和面漆起着承上启下的作用，提高面漆的附着力，增强整个涂层间的附着力和保护性能。

(4)经济性好。使用底漆、中间漆、面漆的防腐配套，同样的使用年限，比单纯使用底漆、面漆的经济性要好，也就是成本要低。

(5)提升表面装饰性。使用中间漆、可以使表面漆膜更加丰满、光亮、平整。

39. 什么是面漆？

面漆又称末道漆，是在多层涂装中最后涂装的一层油漆。面漆应具有良好的耐外界条件的作用，又必须具有必要的色相和装饰性，并对底涂层有保护作用。在户外使用的面漆要选用耐候性优良的油漆。

40. 面漆的作用是什么？

面漆的主要作用是装饰、保护作用和特殊功能作用，防止外界环境中有害的腐蚀介质、如氧气、水汽、二氧化硫以及化工大气的影响。漆膜性能指标和划伤性、硬度、光泽、手感、透明度、耐老化性能、耐黄变性能等都主要从面漆上体现出来，面漆的质量直接影响着整个漆膜的质量。面漆组成部分与底漆的区别主要在于前者的填充料加得很少或没有。

41. 常用的面漆有哪些?

醇酸面漆、有机硅面漆、丙烯酸树脂面漆、聚氨酯面漆、氟碳树脂面漆、环氧面漆。

42. 什么是稀释剂?

稀释剂是一种为了降低油漆黏度，改善油漆工艺性能而加入的与油漆混溶性良好的有机溶剂。

43. 油漆稀释剂的作用是什么?

(1)油漆稀释剂能降低油漆黏度或稠度，改善油漆工艺性能，便于油漆的进一步加工。

(2)油漆稀释剂具有去油污功能。在喷漆前去油污，可以把机加工的零件放入稀释剂中浸泡，起到清洁油污，增加结合力的作用。

44. 什么是固化剂?

固化剂又名硬化剂、熟化剂，是一类增进或控制固化反应的物质或混合物。

45. 设计涂层和施工涂层有什么不同?

涂层有设计涂层和施工涂层，设计涂层并不等同施工涂层。一般油漆的施工涂层较薄，约在 20～50μm 之间，所以要经过几次的施工涂层才能达到设计涂层。

46. 什么是油漆的理论涂布率?

理论涂布率是指将油漆施工在光滑的表面上而毫无损耗的用量。干燥后漆膜达到设计要求的漆膜厚度得到的涂刷面积，用每公斤(每升)油漆可以涂布的面积表示，单位是 m^2/kg(m^2/L)。

47. 油漆涂布率的作用是什么?

涂布率的作用是计算油漆用量的关键因素。

48. 什么是油漆的实际涂布率？

油漆的实际涂布率是漆膜厚度达到设计要求时，经过实测得出的单位面积油漆的用量。

49. 影响实际涂布率的因素有哪些？

影响实际涂布率的因素有：表面粗糙度、油漆分布损失、实际涂覆损失和余料浪费等四个方面。

(1)基层表面处理后表面粗糙度：不同的喷射处理方式引起的漆料损失之典型数值见表1-2-1(损失以干膜厚度表示)：

表1-2-1 不同的喷射处理方式引起的漆料损失

表 面	喷射处理粗糙度/μm	干膜厚度损失/μm
抛丸机钢丸处理	0~50	10
开放式喷细砂处理	50~100	35
开放式喷粗砂处理	100~150	60

(2)油漆分布损失：这是由于油漆过厚而导致的损失，通常是一个熟练工人为达到规定的最低膜厚而造成的。超出理论涂布率的油漆用量之多少，在很大程度上取决于采用哪种涂覆方式(即刷涂、滚涂或喷涂等)，此外，它也同所涂的结构类型有关。一块面积较大、形状简单的平表面不会产生大量的损失。但是结构含有加劲板或斜撑结构，那么损失就会明显增加。各种涂覆方法的许可油漆超量值见表1-2-2：

表1-2-2 各种涂覆方法的许可油漆超量值

涂刷方式	简单结构损失	复杂结构损失
刷涂或滚涂	5%	10%~15%(包括预涂5%)
喷涂	20%	60% 一道漆(包括预涂) 40% 二道漆 30% 三道漆

(3)实际涂覆损失：在涂覆过程中有一些实际损失。当采用喷涂方式时，损失增大。损失大小不仅取决于待涂结构的形状，而且和施工现场的气候条件有很大关系。采用喷涂方式时，不同气候条件下油漆损失量见表1-2-3：

表1-2-3 采用喷涂方式时油漆损失量

通风良好但是相对封闭的场所	<5%
几乎无风的室外场所	5%~10%
有风的户外场所	>20%

(4)余料浪费：油漆的浪费也是不可避免的，因为油漆会溅洒，而且用完的漆罐内仍然会残留一些油漆。如果是双组分油漆，那么混合后的油漆可能会因超过使用寿命而造成浪费。正常情况下油漆浪费量见表1-2-4：

表1-2-4 正常情况下油漆浪费量

单组分漆	<5%
双组分漆	5%~10%

50. 什么是油漆的表干？

油漆的表干即表面干燥。指在涂装工程中将油漆涂覆在基材表面后经过一定的时间未彻底干透而表面初步干燥，在行业内称“指触干”，意即用手指直接触摸漆膜不粘手。油漆表干后可以进行下一道油漆的施工。

51. 常用的油漆的表干测定方法有哪些？

表干的测定有两种方法：

(1)吹棉球法：在漆膜表面上轻放1个约1cm^{3}的疏松脱脂棉球，距离棉球10~15cm，用嘴沿水平方向轻吹棉球，如能吹走棉球，且漆膜表面不留棉丝，即为表干。

(2)指触法：用手指轻触漆膜表面，如感到有点发黏，但无漆粘到手指上，即为表干。

52. 什么是油漆的实干？如何测定油漆的实干？

(1)油漆的实干是指涂层已完全转变成固体漆膜，具有一定硬度。油漆实干并不等于漆膜完全干燥，也不意味着防护性能达到了最佳状态。

(2)实干测定方法：用手指按压时涂膜坚硬、不粘手且无手指印，即可估测实干。

53. 油漆、固化剂和稀释剂的配合应注意哪些方面？

(1)增大固化剂用量，油漆干速加快，漆膜光泽高，硬度足，稍脆。

(2)减少固化剂用量，油漆干速减慢，漆膜光泽稍低，硬度稍差。

(3)增大稀释剂用量，油漆黏度降低，涂刷时流平性好，丰满度和光泽稍差，立面施工时容易流挂。

(4)减少稀释剂用量，油漆黏度上升，涂刷时丰满度好，立面不易流挂，但流平性稍差。

(5)固化剂和稀释剂的增减幅度应控制在原配比量的20%以内，否则易造成原有的问题刚解决，又出现新的问题。一般来说，气温较高时减少固化剂用量、气温较低时增加固化剂用量。正常情况下按油漆厂家的说明书操作；特殊情况下，按油漆厂家的技术代表指导操作。

54. 油漆的有效期是怎么规定的？

(1)油漆的有效期是指在正常贮存条件下产品在原来密封容器中保持良好质量状况的时间。稳定贮存期限一般是油漆一年，固化剂半年。

（2）正常的贮存条件是指存放在20℃或以下的环境，温度升高通常会缩短贮存期。

55. 什么是油漆调兑后的熟化？

指双组分的油漆按照该油漆和固化剂的配比加入固化剂搅拌均匀后，需要给予一定时间，待双组分间的反应被引发后，才能用来施于涂装，此过程称为熟化。一般熟化时间在15～30min左右。

56. 什么是油漆的色卡号？有什么作用？

（1）油漆的色卡号是油漆厂家提供的颜色编号。

（2）油漆的色卡号是选择颜色的依据，只要提供相应的色卡号，厂家就可以调配出色卡对应的颜色。

57. 油漆的复涂时间是怎么规定的？

（1）在油漆产品说明书中标明了“最小”和“最大”涂装间隔时间。“最小”涂装间隔是指涂层干燥，达到复涂所需硬度的最短时间。“最大”涂装间隔是指可允许复涂的最长时间。油漆必须在这段时间内重涂，以确保涂层间的附着力。

（2）影响涂装间隔时间的主要因素包括环境条件、油漆（包括稀释剂）类型、喷涂技术和操作工人四大因素。

58. 什么是露点温度？

露点温度简称露点，是指空气在水汽含量和气压都不改变的条件下，冷却到饱和时的温度。也可以理解为空气中的水蒸气凝结为露珠时候的温度。

环境温度、相对湿度和露点对照表见附录一。

59. 露点温度的作用是什么？

基材表面在露点温度时，会形成微小水滴，对防腐质量产生重大影响。防腐作业时，底材温度要至少高于露点温度3℃(5°F)以上。通过观测、计算露点温度，使防腐作业时在湿度方面处于受控状态。

60. 什么是管道的标识移植?

管道的标识移植就是从材料出厂开始到管道安装结束为止，每道工序作业时，对管道表面初始的标识保持完整，达到材料不混用的目的。

61. 管道标识移植的基本要求有哪些?

(1)为了保证压力管道安装材料的可追溯性，在压力管道进场、防腐后、管道预制中、安装过程中应进行标识移植。

(2)所有用于压力管道安装的材料都必须是经过检验合格入库的材料。

(3)整根钢管，管道两端保留有完整清晰移植标记。

(4)当材料被截取一部分使用时，必须在划线后将材料标记移植到取用部分，将原来的材料标记留在余料部分。

(5)材料标记应按规定位置打印或书写在成型后的外表面，对标定位置未作规定的零件，应保留在明显易见的地方。

(6)应使用无硫、无氯的油漆。

(7)管道材料进行标识时至少要标明材料材质、规格尺寸及厚度、炉批号、制造厂家、数量、色标等。包括出厂时，防腐预处理、管道预制等过程的移植。

62. 哪些油漆不具备复涂性?

(1)快干漆。

(2)分散性差油漆。

(3)水溶性硅酸盐底漆，如无机富锌底漆、无机硅酸锌底漆等。

63. 什么情况下不宜进行室外防腐作业？

在没有防护设施的室外，下列情况不应进行防腐作业：

(1) 雨天、雪天、风沙天。

(2) 风力达到 5 级以上。

(3) 相对湿度大于 85%。

(4) 气温低于 5℃。

(5) 气温高于 40℃。

(6) 基层表面温度低于露点 3℃以下。

64. 温度对施工后漆膜质量有哪些影响？

(1) 在夏天气温高时，油漆中的溶剂和稀释剂挥发速度加快。对于物理干燥性的油漆，特别是油性油漆，由于涂层表面溶剂和稀释剂的快速挥发而固化，涂层表面产生一层很薄的干膜，从而阻碍了涂层里面的溶剂和稀释剂的继续挥发，造成皱皮、露底和起泡，在气温较高而又有大风的室外涂装时，特别容易出现这种情况。

(2) 对于化学固化性油漆，在气温较高时，油漆混合以后的使用时间明显缩短。这是因为温度升高而加快了基料和固化剂的化学反应速度，这时涂层的固化时间和复涂间隔时间也将缩短。

(3) 当油漆在温度较高的热表面喷涂时，由于固化速度加快，导致油漆不能充分地融合，流平性变差，造成多孔型涂层，在热表面刷涂时，会引起涂层不均匀，留下明显的刷痕。由于这些原因，当温度高于 30℃时，涂装的效果是不理想的。所以，在夏天阳光下暴晒的钢材表面不宜施工，可选择在早晚比较凉爽的通风条件下施工。

(4) 在温度较高的密封舱室内喷涂时，由于溶剂和稀释剂的挥发很快，在短时间内就会产生很高的气体浓度，因此，要特别重视采用合理而有效的通风换气措施，避免发生爆炸的危险。

(5)在气温较低的条件下涂装，油漆的黏度随温度降低而增大，使油漆的涂刷性能变差，有时必须加入额外量的稀释剂来获得较好的涂刷性能，但是将难以达到规定的油漆干膜厚度，影响涂层的质量。低温时，涂层固化时间延长，在油漆的干燥过程中，竖直表面的油漆可能引起流挂。

(6)在气温较低的条件下喷涂时，可以采用专门的油漆加热器来提高油漆的温度，改善油漆的施工性能，保证涂装质量。

(7)有些双组分油漆在低温下根本就不能固化，基料和固化剂之间的反应在低温下几乎停止。在这种情况下，有时可使用特殊的低温固化剂。一般环氧油漆不能在低于10℃时使用，聚氨酯油漆不能在低于0℃时使用。同时随着温度的下降，油漆的固化时间和复涂的间隔时间延长。在温度低于0℃时，因钢铁表面的细孔中可能有冰的存在，会明显地引起附着力和防污性能的降低，应停止油漆施工。某些物理干燥性油漆，如氯化橡胶油漆、乙烯基共聚物油漆，则不能在较低的气温下使用。

65. 湿度对施工后漆膜质量有哪些影响?

在防腐油漆作业时，相对湿度不能超过85%。

(1)当空气湿度较高时，除锈的钢材表面易产生水露，返锈快，降低除锈效果。

(2)当空气湿度超过涂漆施工环境要求时，涂漆质量差，容易引起泛白，裂纹，附着力下降，涂层剥落等弊病。

(3)有的水性溶剂的底漆，当空气湿度较低时，固化效果不好，涂层容易剥落，还要喷吸水雾来增加湿度。如：无机富锌底漆、无机类硅酸盐底漆。

第三章 工机具

1. 表面粗糙度检测仪的原理和作用是什么?

(1)用表面粗糙度检测仪(见图 1-3-1)测量工件表面粗糙度时，将传感器放在工件被测表面上，由仪器内部的驱动机构带动传感器沿被测表面做等速滑行，传感器通过内置的锐利触针感受被测表面的粗糙度，此时工件被测表面的粗糙度引起触针产生位移，该位移使传感器电感线圈的电感量发生变化，从而在相敏整流器的输出端产生与被测表面粗糙度成比例的模拟信号，该信号经过放大及电平转换之后进入数据采集系统。

(2)表面粗糙度检测仪的作用：检测基层表面处理后的粗糙度数值，是否符合设计或规范对基层粗糙度的要求。

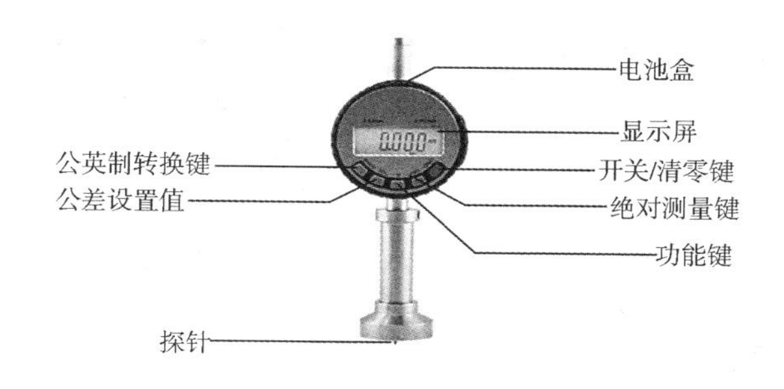

图 1-3-1 基层表面粗糙度测厚仪

2. 表面粗糙度检测仪的日常保养和注意事项有哪些？

（1）避免碰撞、剧烈震动、灰尘、潮湿、油污、强磁场等情况的发生。

（2）传感器是仪器的精密部件，应精心维护。每次使用完毕，要将传感器放回包装盒中。

（3）随机标准样板应精心保护，以免划伤后造成校准仪器失准。

（4）检测使用后，及时清洗探头，避免油漆或灰尘等堵塞探头，影响检测精度。

3. 什么是湿膜测厚仪？

湿膜测厚仪（见图1－3－2，图1－3－3）是测量各种油漆在施工时涂层厚度的工具。油漆施工后，立即将湿膜测厚仪稳定垂直地放在平整的工件涂层表面，即可测得涂层厚度。

图1－3－2　湿膜测厚仪（一）

图1－3－3　湿膜测厚仪（二）

4. 湿膜测厚仪怎样使用？

（1）把油漆涂覆在适宜的钢性底材上，试板面积必须足够大，以便漆膜厚度测定处和试板任一边的距离至少为25mm，涂覆后立即测定湿膜厚度。

(2)把试板固定在合适的水平基础上，这样在测定漆膜过程中试板就不会产生移动或跳动，将该仪器放在待测湿膜上，使其最小读数在顶部，而仪器偏心轮和湿膜之间最大间隙正好在湿膜上方，然后将其向前滚动半周(180°)并反方向重复滚动半周(180°)后移动，检查仪器中央轮缘与湿膜表面首先接触的位置，读出读数并计算平均值成为一个读数。

(3)如果面漆含有挥发性快的溶剂或其固体含量低时，那么最好在刚涂好的涂膜上，另外至少再取一个单独的读数并计算这些单独读数的平均值。

5. 常用的干膜测厚仪有哪几种？怎样使用？

常用干膜测厚度仪有磁性干膜测厚仪和指针式干膜测厚仪。

(1)磁性干膜测厚仪(见图1-3-4)是通过永久磁铁的测头与导磁基材之间的磁吸力大小与处于两者之间的距离成一定比例关系来测量涂层的厚度。使用时直接将测厚仪紧贴被测表面，按检测按钮，直接读出干膜厚度。

图1-3-4　磁性干膜测厚仪

(2)指针式干膜测厚仪(见图1-3-5)使用时，先把刻度滚轮归零，测厚仪紧贴被测表面，向前推动刻度滚轮，使永久磁铁接触表面，再慢慢向后转动轮子，直到磁头“嗒”一声响，指针所指的刻度数值即为涂层的厚度值。

图1-3-5 指针式干膜测厚仪

6. 怎样使用手摇式温湿度计?

手摇旋转式干湿球湿度计(见图1-3-6)采用蒸馏水饱和浸润护套并迅速将干湿计摇动40s，然后读取湿度球数值。重复该过程，直至温度稳定。当湿球读数保持恒定时，进行记录。湿球读数稳定后，同时读取干球数值，记录干球数值。如经常在靠近喷砂或涂装工作现场使用，护套变脏，应进行更换，否则会产生不精确的读数。

图1-3-6 手摇式温湿度计

7. 电子秤使用时要注意哪些事项？

为了保证油漆调兑的精确性，经常要用到电子秤(见图1-3-7)。

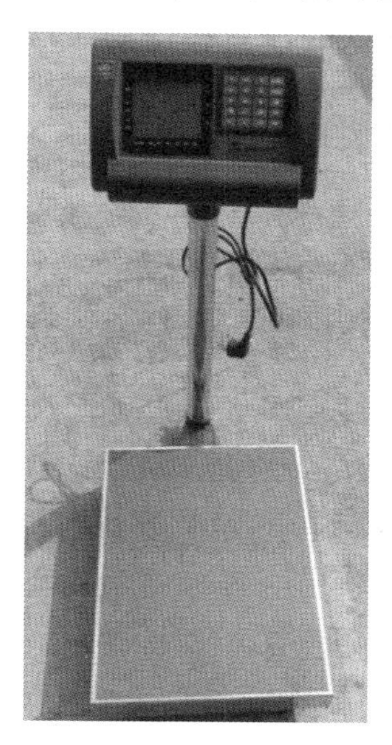

图1-3-7　电子秤

电子秤使用过程中应注意的几个方面：

(1)电子秤是由称重传感器感知外界的重力，再把转换的电信号传送给电子电路的。在称重时不要过力，特别是小称量的秤，所称的物品要轻拿轻放，以免损坏传感器。

(2)要定时给蓄电池充电，一般充12h左右就可以了(时间不可过长)，使电子秤有稳定的工作电压，使之提高称重的准确性。

(3)电子秤最好在干燥通风的环境中使用(防水秤除外)。

(4)电子秤内部使用的是高运算A/D和单片机电路，为使称重准确，应远离强电磁干扰源(如电焊机、电钻、磁铁、大型电动机)等。

(5)常用的油漆不会有大包装，重量不会超过30kg，电子秤的量程选择在0～50kg。

8. 电火花检漏仪的作用和使用方法？

电火花检漏仪(见图1-3-8)的作用：检测埋地管道防腐质量是否满足规范要求。

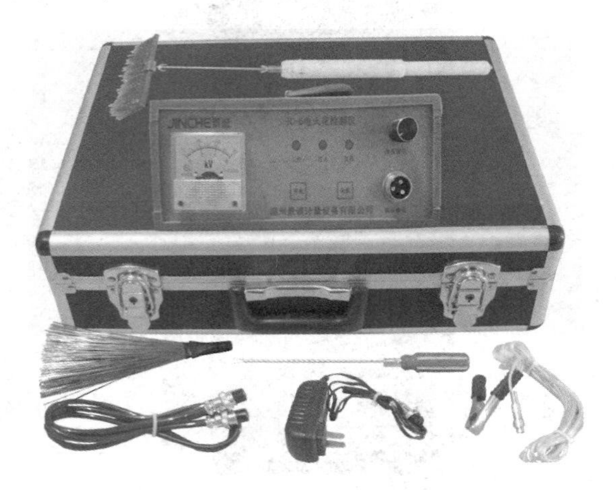

图1-3-8　电火花检漏仪

电火花检漏仪的使用方法：

(1)连接地线，检测接地线与主机和被测物良好接触。

(2)连接主机和探棒。

(3)根据不同的探测需要选择适当的探极、探刷。

(4)检查机器工作情况：

a)按开机键，电源指示灯应亮。

b)将接地长线的裸点与探极接近，应有火花产生，并伴有声音报警，逐渐调高输出高压，火花产生的距离越来越大，说明仪器工作正常，即可开始检测。

c)调节高压调压旋钮至检测所需电压。

（5）根据防腐层厚度选择合适的检测电压。

（6）测试时，因不同的防腐材料和厚度，选择较佳的测试速度，以保持更好的检测质量（若检测环境吵杂，可接耳机监听报警声音）。

（7）检测完毕后，按关机键关机。

9. 电火花检漏仪使用时需要注意哪些事项？

（1）使用前，操作人员应认真阅读仪器使用说明书，严格按操作规范使用，注意保护仪器，防止摔、碰和高温，勿置于潮湿和有腐蚀性气体附近。

（2）检测时要选择适当的接地点，以保证检测质量。

a）小体积金属物体表面防腐层检测，要将被检测的物体用绝缘体支撑 20cm 以上，然后将接地线良好地接在金属物体上检测。

b）对大体积或平面物体检测，当被测物体与大地有良好的接触时，只需将接地线接入大地即可测试。

c）检测过程中，检测人员应戴上高压绝缘手套，任何人不得接触探极和被测物，以防触电。

d）被测防腐层表面应保持干燥，沾有导电层或清水时，不易确定漏点的精确位置。

e）仪器不使用时，电源开关务必关闭。

f）当欠压指示灯亮时，请务必及时充电。

g）高压枪输出电压稳定。

10. 铲刀有什么用途？怎样使用？

铲刀（见图 1-3-9）的用途：清理基层表面松散的沉积物、旧壁纸、旧漆膜等。按刀宽分为 25mm（1″）、38mm（1．5″）、50mm（2″）和 68mm（2．5″）四种规格。

铲刀的使用：清理灰土时手拿铲刀的刀片上，大拇指在一面，四指压紧另一面，清理墙面水泥砂浆或金属面上较硬沉积物时，将铲柄顶在手心，食指压在刀尾部，保持一定的倾斜角度适度用力向前铲。

图 1-3-9　铲刀

11. 金属刷有什么用途？怎样使用？

金属刷(见图 1-3-10)的用途：用于清除钢铁部件上的锈蚀层、斑渍和其他基层上的松散沉积物。金属刷分为钢丝刷和铜丝刷。

金属刷的使用：使用时应两脚站稳，紧握刷柄。用拇指或食指压在刷背上，向前下方用力推进，使刷毛倒向一边，回来时先将刷毛立起，然后向后方拉回。如果刷子较大，在刷背上安装一个手柄，双手操作，会更加省力。

12. 刮刀有什么用途？怎样使用？

刮刀(见图 1-3-11)的用途：用于清除旧涂层、斑渍、灰渣、起皮、松动、鼓包等。刀片宽度规格为 45 ~ 80mm。

刮刀的使用：使用时，手握刀柄，保持一定的倾斜角度，适度用力向下方刮。

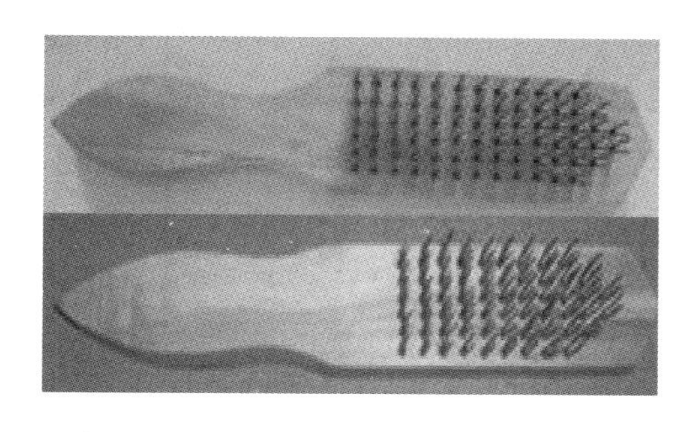

图 1-3-10 金属刷

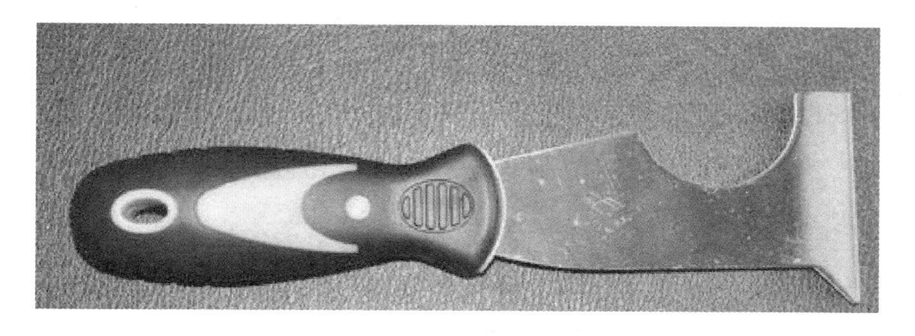

图 1-3-11 刮刀

13. 腻子刮铲有什么用途？怎样使用？

腻子刮铲的用途：适用于调配、填嵌腻子。按常用规格分为30mm、50mm、63mm、76mm。

腻子刮铲的使用：调配腻子时，食指紧压刀片，其余四指握住铲柄，正、反两面交替调拌。嵌批孔眼、缝隙时，应先用铲头嵌满填实，再用铲刀压紧腻子来回批刮。

14. 腻子刀有什么用途？怎样使用？

腻子刀的用途：主要用于调配腻子、嵌批腻子填塞木材表面的小孔、浅坑、窄缝处，镶玻璃时可以将腻子刮成斜面。常用的按刀长度分为 112mm 和 125mm 两种。

腻子刀的使用：调配腻子时，食指紧压刀片，其余四指握住铲柄，正、反两面交替调拌。嵌批孔眼、缝隙时，应先用铲头嵌满填实，再用铲刀压紧腻子来回批刮。

15. 钢皮刮板有什么用途？怎样使用？

钢皮刮板的用途：是用钢板镶嵌在材质比较坚硬的木柄或夹板上制成的刮具。钢皮刮板有硬刮板和软刮板两种，弹性钢片以平、直、圆、钝为佳。硬刮板为矩形，能刮掉前层腻子的干渣，适用于批刮较密实的部位和刮涂头几层腻子，软刮板采用0.2～0.5mm薄钢板制成，薄而柔韧、平整，适用于批刮薄型腻子、较精细的基层和最后一遍腻子的刮光。

钢皮刮板的使用：操作时拇指在刮板前，其余四指在后，批刮时要用力按住刮板，使刮板与被涂物表面保持一定的倾斜度，一般以45°～60°进行操作。

16. 橡皮刮板有什么用途？怎样使用？

橡皮刮板的用途：用于厚层的水性腻子和不平物件的头层腻子，适用于刮平和收边，但不易做到平、净、光。薄橡皮刮板适用于刮圆，如大面积圆柱、圆角等。

橡皮刮板的使用：新制作的橡皮刮板应用砂布将刃口磨齐、磨薄，再在细磨刀石上磨平即可使用。使用时拇指放在板前，四指托于板后，批刮腻子时用力按住刮板，倾斜角度60°～80°。

17. 托板有什么用途？怎样使用？

托板的用途：用于拌和及承托腻子等各种填充料。托板是用油浸胶合板、复合板或厚塑料板制成。

托板的使用：在填补大缝隙和孔穴时用于盛放腻子。

18. 研磨材料有什么用途？怎样使用？

研磨材料的用途：对物体表面进行打磨，实际上是用大量的磨料细粒对物体表面的切削过程，研磨材料的选用，打磨工具的使用直接影响打磨的质量，而最终会影响到涂层的质量和外观效果。常用的有砂纸、木砂纸、水砂纸。

研磨材料的使用：为了保证打磨质量，减轻劳动强度，可将选好的木块、软木、橡胶加工成大小适合使用的打磨块或打磨架。

（1）使用打磨块时，把砂布（见图 1－3－12）或砂纸裹在打磨块外面，手心紧压打磨块，手腕、手臂同时用力，顺着被打磨物的纹理或需要的方向往复打磨。

（2）使用打磨架时，将砂布或砂纸贴紧打磨架的底部，边缘与打磨架两端夹紧固定，手持把手往复打磨。

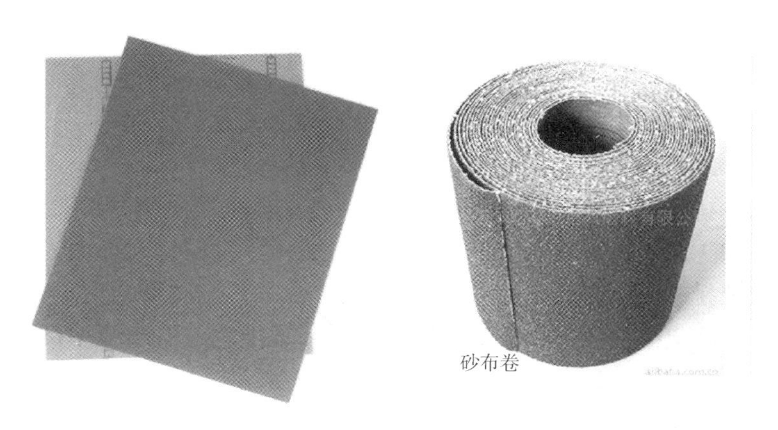

图 1－3－12 砂布

19. 毛刷有什么用途？怎样使用？

毛刷（见图 1－3－13）的用途：毛刷的弹性、强度比排笔大，因此适用于涂刷黏度较大的油漆。毛刷的刷毛有猪鬃、马鬃、人造纤维等，以猪鬃制成的毛刷为上品。

毛刷的使用：操作时，一般右手拇指捏刷柄下部的正面，食指、中指捏其背面，涂刷时要靠手腕的转动，用力从轻到重，必要时要配合身体来回移动。用大板刷涂刷大面积的墙面时，也可满把握刷。

图 1－3－13　毛刷

20. 排笔有什么用途？怎样使用？

排笔（见图 1－3－14）的用途：排笔的刷毛比毛刷的鬃毛柔软，适用于涂刷黏度较低的油漆。刷毛一般用羊毛制作，以山羊毛制成的排笔为上品。

排笔的使用：用排笔刷涂时，手握紧排笔的右角或中部，大拇指在一面，四指在另一面，在桶内蘸油漆时排笔头部向下，使油漆集中在刷毛头部，刷涂方法基本与毛刷相同。

21. 滚刷有什么用途？怎样使用？

滚刷（见图 1－3－15）的用途：将油漆用滚涂的方法涂抹在抹灰面或其他物面上，以达到各种各样的装饰效果的手工工具称为辊具或滚刷。目前用于大面积滚涂的多为人造绒毛滚筒。适用于滚涂薄质油漆、厚质油漆及毛糙的抹灰面，但不宜用于抹灰面的交接转角和装饰光洁程度要求高的物面。

滚刷的使用：滚涂时用力要均匀，朝一个方向上下滚动，最后

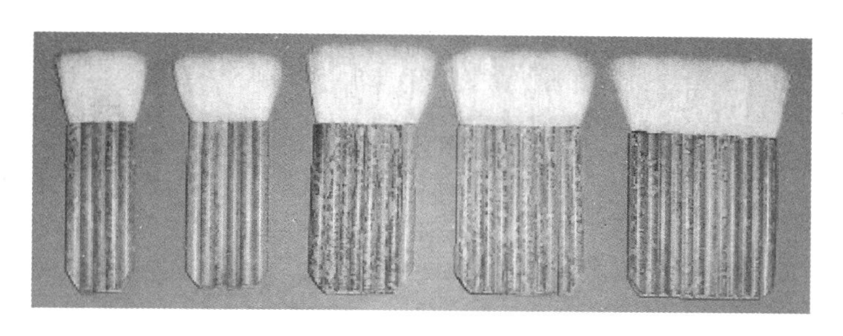

图 1－3－14 排笔

一遍施涂后，用滚筒理一遍，直至在被涂饰的物面形成理想的涂层。

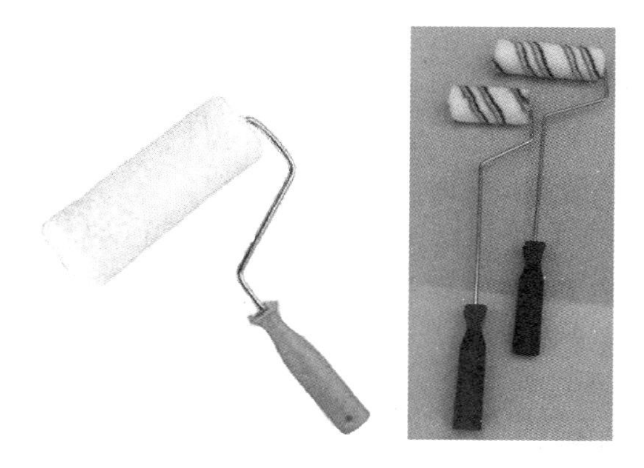

图 1－3－15 滚刷

22. 油漆搅拌器有什么作用？

油漆搅拌器的作用：对油漆进行粉碎、分散、乳化、混合，分散盘上下剧齿的高速运转，对物料进行高速的强烈的剪切、撞击、粉碎、分散，达到迅速混合、溶解、分散、细化的功能。

23. 常用油漆搅拌器有哪些？使用时需要注意哪些事项？

常用的油漆搅拌器有气动搅拌器和电动搅拌器(见图 1－3－16 和图 1－3－17)。

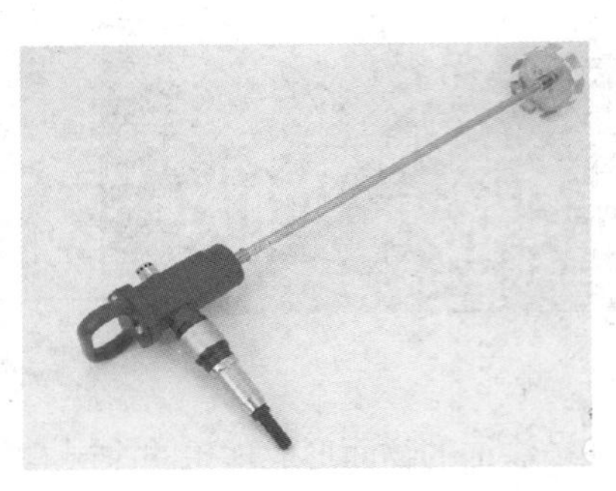

图 1-3-16 气动搅拌器

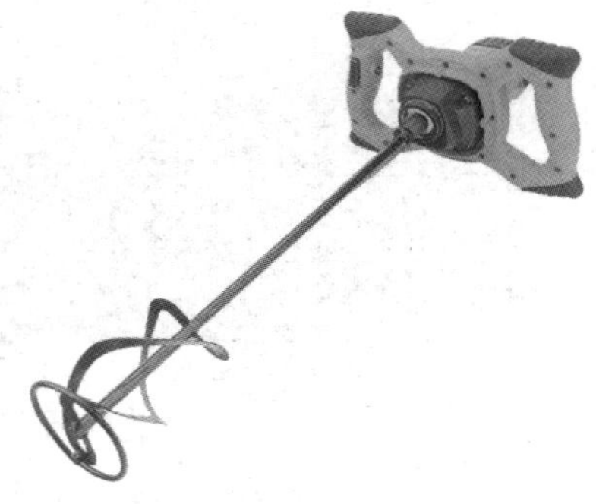

图 1-3-17 电动搅拌器

搅拌器使用时注意的事项：

(1)使用时缓缓将叶片部分插入油漆桶，注意不得触及桶底和桶壁，也不要露出液面。

(2)握紧手柄把正搅拌器，按下开关，在不触及容器及不出液面的范围内上下左右移动，以便充分搅拌。

(3)油漆搅拌均匀后，应先关上开关，待叶片停止转动后，再将搅拌器提出。

(4)若油漆特别黏稠也可边关上开关，边将搅拌器缓缓提出，利用搅拌器的旋转惯性，将搅拌叶片及转杆上的油漆甩净，但注意不能使油漆到处甩溅。

(5)使用后的搅拌器，应清洗干净，不得被污染。

24. 涂漆用的油漆桶有什么用途？使用时应注意哪些问题？

油漆桶(见图 1-3-18)的用途：油漆桶是由镀锌铁皮或塑料制成，用来盛装用于涂刷的油漆。常用油漆桶按桶口直径分为 125mm、150mm、180mm 和 200mm，按容量分为 0.75L、1L、1.5L 和 2.5L。

油漆桶使用时注意的问题：

(1)不同类别的油漆，不要共用一个油漆桶。

(2)使用过程中，应固定好油漆桶，防止其跌落。

(3)使用后，用相应的溶剂清洗干净，然后用溶剂擦净。

(4)注意铝制品不能用苛性碱清洗；塑料桶应避免受热且不可用烈性溶剂清洗，存放时应远离火源。

图 1-3-18 油漆桶

25. 油漆过滤网有什么作用？常用的有哪几种？

油漆过滤网(见图 1-3-19)的作用：

(1)对油漆起到过滤作用，防止油漆颗粒、杂质进入，堵塞喷涂设备和喷枪。

(2)避免手工涂刷时，油漆颗粒、杂质等混在漆膜表面，影响油漆施工质量。

常用油漆过滤网按材料有：不锈钢网、铜网、尼龙网。

三种材料其中尼龙网成本最低，过滤精度较高，应用较多；不锈钢网过滤精度高，相对成本高，350 目以上的不锈钢网较少用于油漆过滤；铜丝网过滤精度相对低些，适用于对精度要求不太高领域。

图 1-3-19 过滤网

26. 胶带缠绕器的使用要求有哪些？

（1）缠绕器（见图 1-3-20）的轴要与胶带的卷芯大小相匹配，保证胶带在使用时不松动。

（2）调整缠绕器外侧轴旋钮，保证胶带在转动时不紧、不涩。

（3）调整缠绕器 4 个脚轮紧贴在管道上且让缠绕器与管道有一点斜度，施工时不会出现跳动。

（4）使用缠绕器时，应保持其稳定，不能出现晃动，避免出现胶带的搭接不匀。

（5）当管道转动时，应拉紧缠绕器，保持一定的拉力，使胶带很好的粘贴在管道上；避免粘贴在管道上的胶带出现气泡或皱褶。

（6）当缠绕器上的胶带快要用完时，应提前停止管道的转动，防止出现缠绕器被带走伤人。

（7）缠绕器和滚动胎具配套使用时，效率最高。

27. 空气喷枪的类型有哪几种？

喷枪是将涂料均匀地喷涂在被涂物表面上的工具，按照涂料

图 1-3-20 缠绕器

供给方式，分为吸上式(见图 1-3-21)、重力式(见图 1-3-22)和压送式(见图 1-3-23)三种。

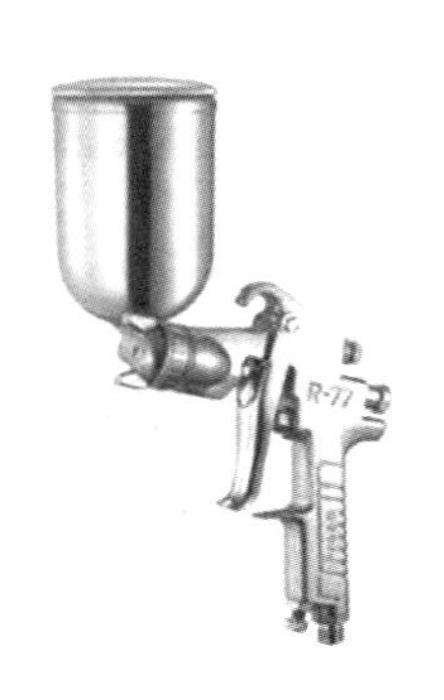

图1-3-21 吸上式喷枪

图1-3-22 重力式喷枪

(1)吸上式喷枪的涂料罐位于喷枪的下部，涂料喷嘴一般较空气帽的中心孔稍向前凸出，压缩空气从空气帽中心孔即涂料喷嘴的周围喷出，在涂料喷嘴的前端形成负压，将涂料从涂料罐内吸出并雾化。吸上式喷枪的涂料喷出量受涂料黏度和密度的影响较明显，而且与涂料喷嘴的口径有密切关系。吸上式喷枪适用于一般非连续性喷涂作业场合。

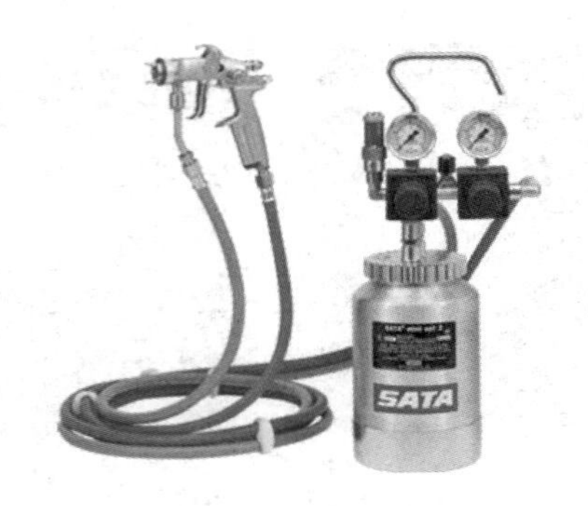

图 1-3-23 压送式喷枪

(2)重力式喷枪的涂料罐位于喷枪的上部，涂料靠自身的重力与涂料喷嘴前端形成的负压作用从涂料喷嘴喷出，并与空气混合雾化。重力式喷枪用于涂料用量少与换色频繁的喷涂作业场合。当涂料用量多时，可另设高位涂料罐，用胶管与喷枪连接。在这种场合，可通过改变涂料罐的高度调整涂料喷出量。

(3)压送式喷枪是从另设的涂料增压罐(或涂料泵)供给涂料，提高增压罐的压力可同时向几支喷枪供给涂料。这种喷枪的涂料喷嘴与空气帽的中心孔位于同一平面，或较空气帽中心孔向内稍凹，在涂料喷嘴前端不必形成负压。压送式喷枪适用于涂料用量多且连续喷涂的作业场合。

28. 高压无气喷涂机的选型要求有哪些?

高压无气喷涂设备有很多种，其结构和技术差异较大。按动力装置分，有气动型(见图 1-3-24)、电动型(见图 1-3-25)以及内燃机型的。使用最多的是气动型高压无气喷涂泵。无气喷涂机的选用，要根据所使用的油漆来选择合适的压力及流量的机型。电动型喷涂机和压力比小的气动型喷涂机适用面漆，不适合重防腐油漆，密度大的底漆选用压力比大的气动型喷涂机。常用高压无气喷涂设备型号和技术参数表见表 1-3-1。

表 1-3-1 常用高压无气喷涂设备型号和技术参数表

序号	产品型号 技术参数	GPQ12C、 GPQ12CB、 GPQ12CS	GPQ13C、 GPQ13CB、 GPQ13CS	GPQ14C、GPQ14CB、 GPQ14CS、GPQ14CBX
1	压力比	65:1	46:1	32:1
2	空载排量/(L/min)	13	18	27
3	进气压力/MPa	0.3~0.6	0.3~0.6	0.3~0.6
4	最大喷嘴号	020B40	030B40	038B40
5	空气消耗量/(L/min)	300~1200	300~1200	300~1200
6	质量/kg	GPQ12C：28.5 GPQ12CB：33 GPQ12CS：41	GPQ13C：29 GPQ13CB：34 GPQ13CS：42	GPQ14C：30 GPQ14CB：35 GPQ14CS：43
7	外形尺寸 长/mm× 宽/mm×高/mm	GPQ12C、GPQ13C、GPQ14C：400×340×600 GPQ12CB、GPQ13CB、GPQ14CB：416×380×600 GPQ12CS、GPQ13CS、GPQ14CS：500×500×990		

①GPQ12C、GPQ12CB、GPQ13C、GPQ13CB 型属高压力、中等流量型无气喷涂设备，适宜高黏度、难于雾化的油漆喷涂，也适宜于全部传统型常规油漆喷涂。

②GPQ14C、GPQ14CB、GPQ14CBX(不锈钢)型压力稍低、流量较大，适宜于喷涂黏度稍低些的绝大部分传统型常规油漆。

③GPQ12CS、GPQ13CS、GPQ14CS 型带自动升降装置的小车移动式喷涂设备，自动升降装置为气动。喷涂机吸入口直接插入油漆桶内，有利于提高厚膜型高黏度油漆的自吸能力。

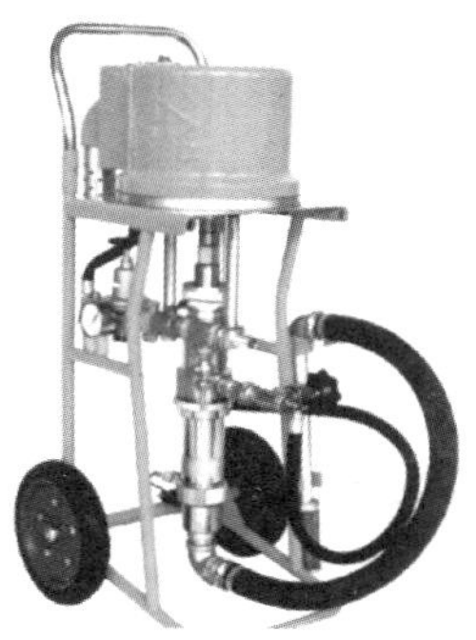

图 1-3-24 气动型喷涂机

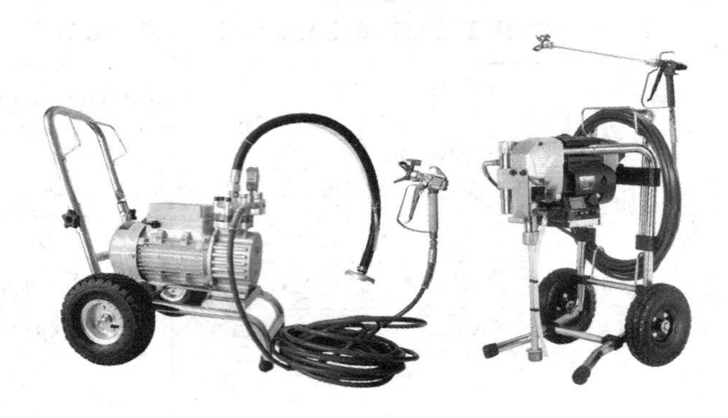

图 1-3-25 电动型喷涂机

29. 高压无气喷涂机的保养有什么要求?

(1)每天在使用前，都应注意检查接地保护是否完好，接地线对设备和人员的安全起着重要的保护作用，不允许出现接地异常的现象。

(2)使用之前应检查油管是否漏油，气管是否漏气等现象，发现不良现象及时处理，方可开机运行。

(3)自动供油系统的润滑油泵应维持一定量的润滑油。

(4)使用后要及时清理喷涂机上面的油漆，以及回收剩余油漆。

30. 常用高压无气喷枪有哪些? 各自的性能有哪些?

常用高压无气喷枪(见图 1-3-26)有 SPQ-1、SPQ-2、SPQ-3。

(1)SPQ-1 喷枪的性能:

最大工作压力: 39MPa

接口尺寸: 接喷嘴螺纹: M8×1.5

接高压软管螺纹: M14×1

质量: 525g

适用范围：应用于除富锌涂料及其他易产生沉淀、粘结固化的涂料以外的常规涂料。

(2)SPQ－2 喷枪的性能：

最大工作压力：39MPa

接口尺寸：接喷嘴螺纹：M8×1.5

接高压软管螺纹：M14×1

质量：480g

适用范围：应用于除富锌涂料及其他易产生沉淀、粘结固化的涂料以外的常规涂料。

(3)SPQ－3 喷枪的性能：

最大工作压力：39MPa

接口尺寸：接喷嘴螺纹：M8×1.5

接高压软管螺纹：M14×1

质量：480g

适用范围：应用于富锌涂料及其他易产生沉淀、粘结固化的涂料。

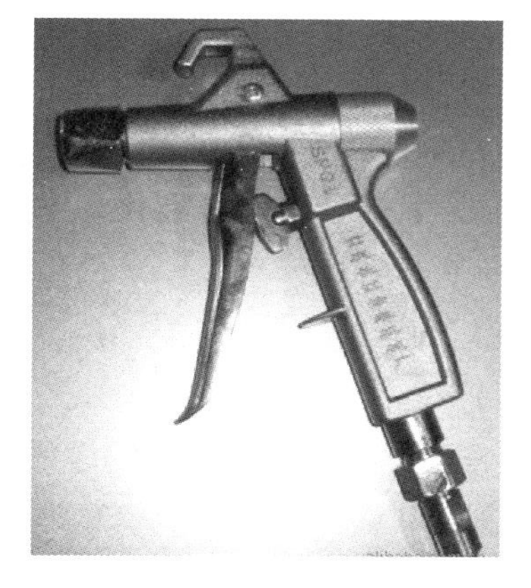

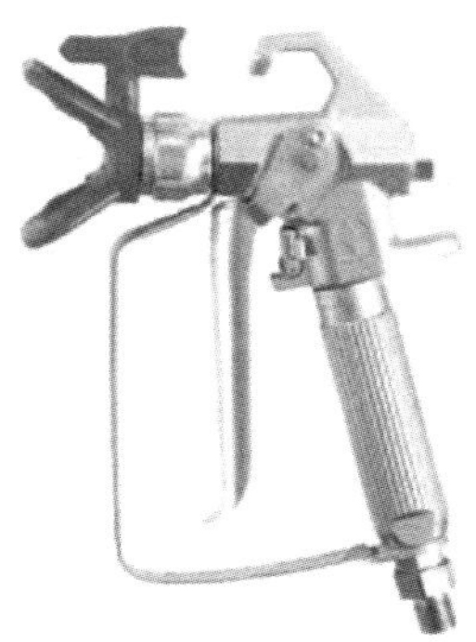

图 1-3-26　无气喷枪

31. 高压无气喷枪的使用注意事项有哪些?

(1)不要长时间的把喷枪浸泡在溶剂内(使用中性的清洁液清洗喷枪，要注意清洁液的 pH 值在 6 ~ 8 之间)。

(2)每次使用完喷枪后及时清洗。

(3)清洗完喷枪后应彻底吹干。

(4)使用或清洗完喷枪，要摆放在合适的喷枪挂架上。

(5)使用专用工具安装、拆卸喷枪配件。

(6)按正确的步骤安装和拆卸喷嘴三件套。

(7)不要使用已损坏的喷嘴。

(8)定期检查或更换密封圈。

(9)用适当力度调节喷幅调节旋钮。

(10)使用洁净的压缩空气。

(11)根据油漆产品说明书建议调节正确的气压。

(12)定期检查喷枪状态，喷漆前先试喷。

32. 高压无气喷涂喷嘴的选型要求有哪些?

(1)高压无气喷涂的喷嘴(见图 1-3-27)大致分为 5 种：B 型、C 型、Z 型、H 型、X 型，常用的是 B 型、C 型。

(2)B 型：用于绝大多数常规油漆。

(3)C 型：在压力较低的情况下就可以很好雾化，主要用于涂膜要求均匀的场所。

(4)H 型喷嘴：公路划线专用喷嘴。

(5)X 型喷嘴：自动涂装生产线专用喷嘴(需定制)。

(6)Z 型喷嘴：适合无机硅酸锌、无机富锌、富锌涂料。

(7)每个标准型喷嘴的油漆喷出量和漆雾图形幅宽都有固定的规范，在施工中应采用标准型喷嘴。为适应不同的需要，必须更换对应的喷嘴。常用标准型喷嘴参数见表 1-3-2。

表 1-3-2 常用标准型喷嘴参数

喷嘴编号	油漆喷出量/(L/min)	喷雾图形宽度/mm	喷嘴编号	油漆喷出量/(L/min)	喷雾图形宽度/mm
002-10	0.20	100	017-25	1.70	250
003-15	0.30	150	008-30	0.80	300
004-15	0.40	150	011-30	1.10	300
004-20	0.40	200	014-30	1.40	300
006-20	0.60	200	017-30	1.70	300
008-20	0.80	200	020-30	2.00	300
011-20	1.10	200	023-30	2.30	300
006-25	0.60	250	011-35	1.10	350
008-25	0.80	250	014-35	1.40	350
011-25	1.10	250	017-35	1.70	350
014-25	1.40	250	020-35	2.00	350

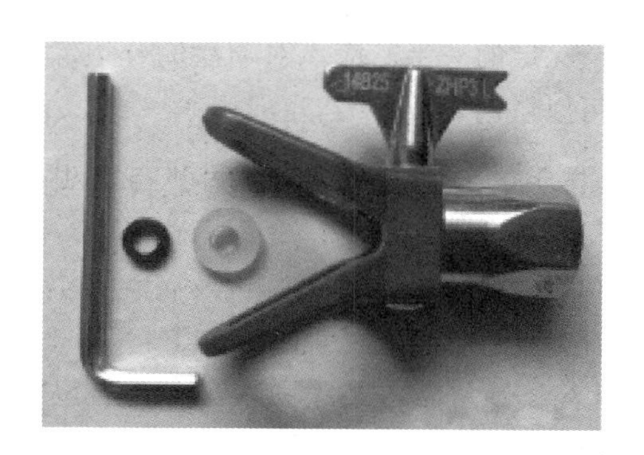

图 1-3-27 无气喷枪喷嘴

33. 高压无气喷枪的调试要点有哪些？

(1)喷涂的压力调节：使油漆完全雾化的最低压力下喷涂，开始时应将压力控制阀调到低压位置，然后慢慢升高压力，直至油漆完全雾化。如果喷出的油漆呈指状、尾状，应升高空气压力。如果喷涂机的最大压力仍无法达到理想喷型，应该更换一个较小尺寸的喷嘴。

(2)确定标准的喷型：使用前应检验喷型的质量，应该在废弃的包装板等平面上试验喷嘴的喷涂情况。喷枪距离被喷涂表面300mm，正向对准表面(垂直和水平方向都要正向)，否则喷枪的倾斜会影响到涂层漆膜厚薄不均。手持喷枪沿喷涂表面进行喷涂时，操作者必须通过弯曲手腕来保持喷枪始终正向对准喷涂表面。不能随意的左右摇摆晃动喷枪，导致涂层厚度不均。喷幅应在前一喷幅上重叠50%，少于50%的重叠会使末道漆表面上出现条痕。

(3)扣动扳机的技巧：在移动喷枪后开始扣动扳机，在喷枪停止移动前释放扳机。在扣动扳机和释放扳机时，应保持平移喷枪，正对喷涂面，这样可以防止起始点和结束点油漆的堆积。

(4)复喷技术：这项技术能够确保油漆均匀的喷涂到喷涂表面。喷枪的瞄准角度应该保证喷嘴能正向直对前一道涂层的边缘，覆盖前一道涂层的一半。应该对喷涂的外边缘进行喷涂，中间部分的喷涂可以快速完成。

34. 喷砂选用的空气压缩机的类型有哪些?

常用的空气压缩机有活塞式空气压缩机、螺杆式空气压缩机、离心式压缩机、滑片式空气压缩机及涡旋式空气压缩机。喷砂普遍采用螺杆式空气压缩机，其特点如下：

(1)可靠性高：螺杆空气压缩机零部件少，易损件少，因而运转可靠，寿命长。

(2)操作维护方便：操作人员不必经过长时间的专业培训，可实现无人值守运转，操作相对简单，可按需要排气量供气。

(3)动力平衡性好：特别适合用作移动式压缩机，体积小，重量轻，占地面积少。

(4)适应性强：螺杆空气压缩机具有强制输气的特点，排气量几乎不受排气压力的影响，运转平稳、振动小，排气稳定，在宽广的范围内能保持较高的效率。

(5)多相混输：螺杆空气压缩机的转子齿面间实际上留有间隙，因而能耐液体冲击，可压送含液气体、含粉尘气体、易聚合气体等。

(6)单位排气量体积小，节省占地面积。

35. 储气罐的作用是什么？选用原则有哪些？

(1)储气罐(见图1-3-28)的作用：缓冲空气压力，使供气更加稳定，减少空压机的频繁启动。同时让压缩空气在储气罐中沉淀更有利于除水除污，提高喷砂后金属表面的洁净度，延长喷砂面的返锈时间。

(2)储气罐的体积选用原则：

① $Q<6m^3/min$ 时，$V=0.2Q$

② $Q=6\sim30m^3/min$ 时，$V=0.15Q$

③ $Q>30m^3/min$ 时，$V=0.10Q$

Q——空气压缩机产气量，m^3/min；

V——储气罐的体积，m^3。

36. 如何进行储气罐的操作和维护保养？

(1)检查压力表的好坏与位置，当无压力时，压力表指针位置处于“0”状态，即限位钉处。

(2)空气充满时，检查安全阀是否正常，安全阀必须经过国家认可的检定部门的检定，在有效期内。气压超压时安全阀应自动打开。

(3)储气罐最高工作压力为0.8MPa，在工作中严禁超压使用。

(4)要在压力表盘上，对储气罐工作压力的上限值做出红线标识。

图 1-3-28　储气罐

(5)检查储气罐的各阀门及其他地方是否有漏气现象，若有漏气要及时采取措施以保证储气罐符合生产要求。

(6)压力表、安全阀均属安全附件，要注意平时的维护和保养。要按照国家标准规定的周期，由政府技术监督部门定期对其进行安全检定和校验。其中，压力表每半年检定、校验一次，安全阀每一年检定、校验一次。

(7)工作中，每班操作人员要对储气罐及相关空气压缩设备至少巡视两次，发现情况及时处置，并认真做好运行记录。

(8)运行中，必须打开排凝阀，排掉冷凝水至少一次，空气湿度大时，应经常开启。

(9)每年检查焊缝是否牢固、密封圈是否老化。对罐体刷油漆做防锈处理。

37. 油水分离器的作用是什么？

(1)油水分离器(见图 1-3-29)在空气压缩机本体设备上附带，在喷砂罐进气口也要安装一个。

(2)空气压缩机本体设备上附带的油水分离器的作用：当含有大量油和水等杂质的压缩空气进入分离器后，沿其内壁螺旋而下，所产生的离心作用，使油水从气流中析出并沿壁向下流到油水分离器底部，然后再由滤芯进行精过滤，在重力作用下滴入分离器底部，由排污阀排出。

(3)在喷砂罐进气口油水分离器的作用：当空气压缩机本体油水分离器效果不好时，空气湿度大时，压缩空气的水分会增多，对压缩空气的再一次的过滤，得到干燥、洁净的压缩空气，避免磨料受潮，影响喷砂效果。

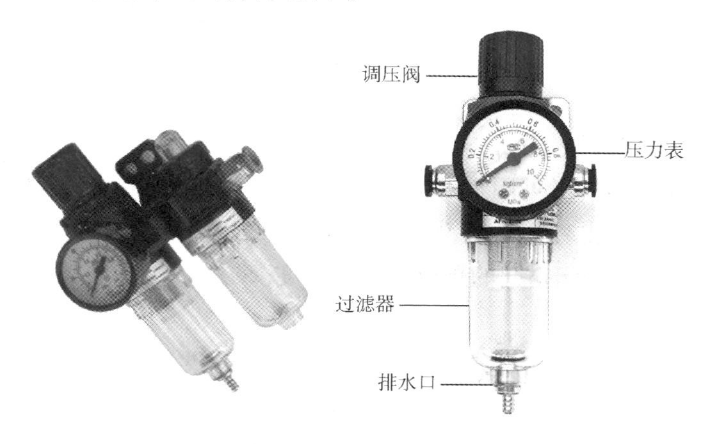

图 1-3-29 油水分离器

38. 喷砂罐由哪几个部分组成，常用的规格有哪几种？

喷砂罐(见图 1-3-30)由砂压罐、磨料上料口、磨料出料口、压力表和油水分离器等组成。常用喷砂罐的规格见表 1-3-3：

表 1-3-3 常用喷砂罐的规格

罐径/mm	500	600	700	800	900	1000
容积/m^3	0.12	0.18	0.4	0.5	0.6	1

图 1-3-30　喷砂罐

39. 轴流风机的作用是什么？如何分类？

(1)轴流风机(见图 1-3-31)的作用：密闭空间或室内喷砂作业、防腐作业时，用于粉尘、油气的排出；密闭空间的通风，增加含氧量；密闭空间的排热，降低温度。

图 1-3-31　轴流风机

(2)分类：

按材质分类：钢制风机、玻璃钢风机、塑料风机、PP 风机、PVC 风机、镁合金风机、铝风机、不锈钢风机等。

按用途分类：防爆风机、防腐风机、防爆防腐风机、专用轴流风机等。

按使用要求分类：管道式、壁式、岗位式、固定式、防雨防尘式、移动式、电机外置式等。

按安装方式可分为：皮带传动式、电机直联式。

40. 轴流风机的选用有什么要求？

(1)换风空间大时，轴流风机使用数量多，尽量选择通风量大的风机(每小时最大换气量)；风机布置合理，减少或避免通风盲区。

(2)用于易燃、易爆空间内的风机，要选用防爆型。

(3)考虑释放到空气中有害气体或易燃气体的产生量，选择风机的大小和数量。

(4)同时放散热、蒸汽和有害气体或仅放散密度比空气小的有害气体的工业建筑，除设局部排风处，宜从上部区域进行自然或机械的全面排风，其排风量不应小于每小时 1 次换气。缺乏相关参数的情况下，换气次数每小时不得少于 12 次，空间体积小的密闭空间，每小时的换气次数高于 12 次。

计算公式如下：

$$N = V \times n/Q$$

式中 N——风机数量，台；

V——场地体积，m^3；

n——换气次数，次/h；

Q——所选风机型号的单台风量，m^3/h。

第二篇　基本技能

第一章 施工准备

1. 防腐施工前，应该做的技术准备有哪些?

(1)施工技术交底:

①明确施工程序、主要施工工艺及关键工序。

②明确设计防腐结构。

③基层处理的等级及处理方法。

④明确检验方法和合格标准。

⑤掌握质量通病的预防与质量通病的处置措施。

⑥明确施工用材料的名称及要求，材料复验报告合格。

(2)安全技术交底:

①本施工中的施工作业特点和危险性。

②明确施工中存在的安全隐患有那些及防范措施和安全防护措施。

③施工中应该注意安全事项。

④施工中应遵守的安全操作规程和标准。

⑤发生事故后，应采取的避难和急救措施。

2. 防腐施工前的现场准备有哪些?

(1)施工作业人员进入现场前应进行安全教育及相关的安全培训与取证，参加建设单位的入厂教育。

(2)施工水、电、通信等满足需要。

(3)预制场地满足预制需要，宜接近现场，减少运输距离。

(4)施工用机具和设备运行正常，报验合格。

(5)施工用材料到位，做到下垫上盖，报验合格。

(6)专业之间的交接经多方确认、签字，具备开工条件。

(7)施工作业票、密闭空间作业票等票据齐全。

(8)密闭空间内作业，通风、照明、气体检测报告皆合格或符合要求。

第二章 基层处理

1. 金属表面的锈蚀程度如何分级?

按 GB/T 8923.1—2011《涂覆涂料前钢材表面处理 表面清洁度的目视评定 第1部分：未涂覆过的钢材表面和全面清除原有涂层后的钢材表面的锈蚀等级和处理等级》中规定，钢材表面原始锈蚀程度等级分 A、B、C、D 四个锈蚀等级。

A 级：大面积覆盖着氧化皮而几乎没有铁锈的钢材表面。

B 级：已发生锈蚀，且部分氧化皮已开始剥落的钢材表面。

C 级：氧化皮已因锈蚀而剥落，或者可以刮除，并且在正常视力观察下可见轻微点蚀的钢材表面。

D 级：氧化皮已因锈蚀而全面剥离，并且在正常视力观察下可见普遍发生点蚀的钢材表面。

2. 金属表面的清理等级分类有哪些?

按 GB/T 8923.1—2011《涂覆涂料前钢材表面处理 表面清洁度的目视评定 第1部分：未涂覆过的钢材表面和全面清除原有涂层后的钢材表面的锈蚀等级和处理等级》中规定，金属表面的除锈等级分类划分为如下几种：

(1)手工和动力工具清理，用 St 表示，分为两个等级：

①St2 彻底手工和动力工具清理：在不放大的情况下观察时，表面应无可见油脂和污垢，没有附着不牢的氧化皮、铁锈、涂层

和外来杂质。

②St3 非常彻底的手工和动力工具清理：同 St2，但表面处理应彻底得多，表面应具有金属底材的光泽。

(2)喷射清理，用 Sa 表示，可以分为四个等级：

①Sa1 级轻度喷射清理：在不放大的情况下观察时，表面应无可见的油、脂和污物，并且没有附着不牢的氧化皮、铁锈、涂层和外来杂质。

②Sa2 级彻底的喷射清理：在不放大的情况下观察时，表面应无可见的油、脂和污物，并且几乎没有氧化皮、铁锈、涂层和外来杂质。任何残留污染物应附着牢固。

③Sa2.5 级非常彻底的喷射清理：在不放大的情况下观察时，表面应无可见的油、脂和污物，并且没有氧化皮、铁锈、涂层和外来杂质。任何污染物的残留痕迹应仅呈现为点状或条纹状的轻微色斑。

④Sa3 级使钢材表面洁净的喷射清理：在不放大的情况下观察时，表面应无可见的油、脂和污物，并且应无氧化皮、铁锈、涂层和外来杂质。该表面应具有均匀的金属色泽。

(3)火焰清理，用 F1 表示。

火焰清理前，应铲除全部厚锈层。

在不放大的情况下观察时，表面应无氧化皮、铁锈、涂层和外来杂质。任何残留的痕迹应仅为表面变色(不同颜色的阴影)。

3. 常用的基层表面除锈方式有哪些?

基层表面处理方法有：工具除锈、喷(抛)射除锈、化学处理和火焰处理四种。

(1)工具除锈分为手工和动力工具除锈两种，以字母“St”表示。

①手工除锈主要用铲刀、钢丝刷、粗砂布等工具，靠手工敲、铲、刮、刷、打磨的方法来达到清除铁锈。这种最简便的方法，没有任何环境及施工条件限制，但由于效率及效果太差，只

能适用小范围的除锈处理。

②动力工具除锈是利用一些电动、风动工具来达到清除铁锈的目的。常用电动工具如电动刷，风动工具如风动刷。电动刷和风动刷是利用特制圆形钢丝刷的转动，靠冲击和摩擦把铁锈或氧化皮清除干净，特别对表面铁锈，效果较好，但对较深锈斑很难去除。

(2)喷(抛)射除锈处理法：以字母“Sa”表示：

①喷射除锈：利用高压空气带出磨料喷射到构件表面的一种除锈方法。磨料有钢丸、钢砂、石英砂、铜矿砂等。但对环境污染大，除锈完全靠人工操作。

②抛射除锈：利用机械设备的高速运转，抛头的离心力把一定粒度的钢丸抛出，被抛出的钢丸与构件猛烈碰撞打击从而达到去除钢材表面锈蚀的一种方法。

(3)火焰处理法：以字母“FI”表示。

火焰处理法是利用气焊枪对少量手工难以清除的较深的锈蚀斑，进行烧红，高温使铁锈的氧化物改变化学成分而达到除锈目的。使用此法，须注意不要让金属表面烧穿，以及防止大面积表面产生受热变形。

(4)化学处理法

①化学处理法其原理是利用酸洗液中的酸与金属氧化物进行化学反应，使金属氧化物溶解，而除去钢材表面的锈蚀和污物。

②酸洗不能够达到抛丸或喷丸的表面粗糙度效果，如果处理不当还会造成金属表面过蚀，形成麻点。

③在酸洗除锈后一定要用大量清水清洗并钝化处理，产生大量废水、废酸、酸雾造成环境污染。

4. 表面粗糙度有什么作用？

(1)使涂层与工件表面间的实际结合面积增加，有利于提高涂层结合力。

(2)涂层在固化过程中会产生很大的内应力，粗糙度的存在可以有效消除涂层中的应力集中，防止涂层开裂。

(3)表面粗糙度的存在可以支承一部分油漆的质量，有利于消除流挂现象，对于垂直涂装的表面，作用尤为明显。

(4)表面粗糙度过大时，会增加油漆的用量，增加成本。

5. 怎样用湿膜测厚仪测出的厚度计算干膜厚度？

(1)采用湿膜测厚仪可以在涂覆过程中检查和改正不适当的涂膜厚度。通过测量湿膜厚度，乘以油漆固体份的体积百分率，估算出干膜厚度。

干膜厚度(μm)=湿膜厚度(μm)×油漆固体分[体积分数(%)]

(2)大多情况下，湿膜厚度的测定，只是保证干膜膜厚的辅助手段，对无机富锌油漆和一些快挥发性的油漆，干、湿膜比例变化很大，仅用湿膜厚度估算干膜厚度，可能会带来错误的结果，评价总厚度，还是以干膜厚度为准。

6. 影响基层表面粗糙度的因素有哪些？

(1)磨料的粒度、硬度、颗粒形状。磨料初次使用时，粗糙度较大，磨料几次使用后，粗糙度值相对比较稳定；手工喷砂后，粗糙度值较高，粗糙度值在100μm左右；抛丸机使用的磨料颗粒相对较小，粗糙度值较小，粗糙度值在30~50μm左右。

(2)工件本身材质的硬度。

(3)压缩空气的压力及稳定性。

(4)喷嘴与工件表面间的距离及喷嘴与工件表面的夹角。

表面粗糙度值一般在图纸设计规定中有要求，粗糙度值要求在30~50μm左右。在基层表面处理时，要多次测量粗糙度。当粗糙度值偏离设计要求过大时，及时更换或调整磨料的新旧数量。

7. 常用的表面粗糙度测量方法有哪些？

(1)比较法：将被测表面和表面粗糙度样板直接进行比较，多用于车间，评定表面粗糙度值较大的工件。

(2)针描法：是一种接触式测量表面粗糙度的方法，最常用的仪器是电动轮廓仪，该仪器可直接显示 *Ra* 值。

8. 金属表面用油脂有哪些？

(1)金属材料在制作成型过程中，需要润滑、降温、防锈等，采用了各种油脂达到加工要求，例如轧制板材、冲压、热处理淬火等使用的拉延油、润滑油、淬火油、防锈油等。

(2)金属零件在加工过程中，需要降温冷却、润滑、防锈等。例如车、削、刨、钻、磨等工序中都要使用润滑油、切屑油、防锈油、拉延油等。

(3)金属材料或金属零件在仓库贮存及运输过程中为了防止表面腐蚀或损坏外形尺寸，都需要防锈包装，这主要是使用含有缓蚀剂的各种防锈油或防锈脂。

(4)金属机器及设备在使用或运行过程中许多零件需要润滑油以减少阻力及摩擦发热，有些需要涂防锈油防止大气或外部环境的腐蚀破坏。

此外，机器或设备在有油污的环境中工作，不断地受到油及尘粒的污染并积累在表面上，这些都需要在维修过程中除油清洗，或根据卫生环保的要求，定期进行清洗除油。

9. 清除金属表面油脂的溶剂有哪些？

(1)溶剂类金属表面清洗剂，简单的说就是不溶于水，不能加水使用的金属表面清洗剂，如常用的煤油、柴油、汽油、三氯乙烯、三氯甲烷、白电油、酒精、碳氢清洗剂等都属于溶剂类的。

(2)水基类金属表面清洗剂，简单的说就是可溶于水，可加水稀释使用的金属表面清洗剂。

(3)酸性金属表面清洗剂是指pH值低于7的清洗剂，一般除锈剂、脱漆剂都是酸性的。

(4)中性金属表面清洗剂是指pH值约等于7的清洗剂。

(5)碱性金属表面清洗剂是指pH值大于7的，大多数的水基金属表面清洗剂都是碱性的。

10. 清除金属表面油脂的方法有哪些？

(1)除油浸泡清洗法：用于油污严重的工件以及易被化学介质腐蚀的金属。

(2)有机溶剂清洗和蒸汽除油：适用一般工件除油，不适用于某些有色金属及精密零件。

(3)电化学清洗法：适用一般工件除油或有机溶剂除油后进一步除油，不适用于某些有色金属及精密零件。

(4)超声波清洗法：适用除油难度较大的工件，特别是一些形状较复杂的零件。

(5)二氧化碳清洗法：适用于各种工件除油，关键是选好表面活性剂的种类。

(6)手工及机械除油法：适用于精密度要求不高的小零件批量清洗，以及大型或其他方法不便处理的设备。

11. 为什么要对防腐金属表面的盐分进行清洗？

金属表面存在盐分后，降低油漆的附着力，造成油漆漆膜脱落，形成防腐质量问题。金属表面的盐分多采取高压淡水冲洗的方法。

12. 什么是镀锌板的磷化处理？

磷化底漆由聚乙烯醇缩丁醛树脂、锌铬黄及助剂组成，以醇类为溶剂，以磷酸为处理液，通常为两罐装，按一定比例配套使用。漆膜较薄，不能作为底漆使用。

镀锌板表面有涂漆需要时，由于其表面光洁度较高，涂层附着力很低，为了提高基体与涂层的结合力，必须对镀锌板表面进行磷化处理；可增加有机涂层和金属表面的附着力，防止锈蚀，延长有机涂层的使用寿命。

新开封的镀锌板或镀锌卷板表面一般都存在一层保护油脂，为了提高磷化效果，先进行脱油脂，清洗，再进行磷化底漆的涂刷。

按磷化处理方式可分为刷涂法、喷淋法、半浸法和全浸法。

13. 水泥砂浆面层和混凝土结构表面涂漆前的处理要求?

(1)水泥砂浆面层和混凝土应干透，混凝土浇筑完后要经过28天养护期才能进行涂装。在深度为20mm的厚度层内，含水率应低于6%。

(2)表层必须洁净。对新抹面层当用手工或动力工具清理时，表面应清理至无水泥渣及疏松的附着物，如表面过于光滑，最好轻度喷砂形成均匀粗糙面。对旧面层，如未沾染油污，喷砂打掉至少2㎜，至呈现干净、平整、坚实的表面；如已沾染油污，应喷砂打掉更厚的旧面层，直至露出无油污的干净表面；如无法打出无油污表面，应敲掉旧表层，重新抹面。

(3)对于凹凸表面不平整的部位，剔凿平整，并对混凝土的表面的水泥棱(一般是模版的接缝处)进行打磨。如表面有凹坑，应用环氧腻子填补，等腻子实干后用砂纸打磨修平。

(4)一般孔洞处理方法，是将周围的松散混凝土和软弱浆膜凿出，用压力水冲洗，支设带托盒的模板，洒水湿润后用比结构混凝土高一强度等级的细石混凝土仔细分层浇筑，强力捣实并养护。

(5)混凝土结构表面防腐前处理要求：

混凝土结构防腐时，应按照GB 50212—2014《建筑防腐蚀施工规范》第4.1.4条规定进行处理，基层处理方式根据混凝土强度不同，选用不同的方法，具体规定如下：

① C40 及以上混凝土，应采用抛丸、喷砂、高压射流处理基层。

② C30~ C40 混凝土，应采用抛丸、喷砂、高压射流和打磨处理基层。

③ C20~ C30 混凝土，应采用抛丸、喷砂、高压射流、打磨、研磨和铣刨方式处理基层。

④ C20 以下混凝土，应采用打磨、高压射流、铣刨、研磨方式进行处理。

(6)在涂底漆前，应用压缩空气或吸尘器将表面清扫干净。

14. 旧漆膜的处理方法和要求?

(1)旧漆膜的处理方法：火焰法、打磨法、敲铲法、碱液处理法、喷砂(喷丸)法。

(2)处理的原则：清除到没有损伤的涂层。

(3)漆面没有大缺陷的旧涂层处理方法：一般情况下，其面漆的下面涂层基本没有损坏或只有很少地方需要修补。所以，只要将面层表面进行适当地打磨，磨掉已经氧化、变差的一层，露出良好的底层即可。

(4)漆面有缺陷的旧涂层的处理：对于小的缺陷，在缺陷部位进行打磨，直到没有受到损伤的涂层或裸金属。对于面积较大的缺陷，可以用喷砂机进行喷砂除漆，或用化学法及打磨的方法将旧涂层脱漆，然后进行必须的清洁处理。

15. 什么是油漆漆膜的拉毛？其作用是什么？

(1)油漆漆膜的拉毛就是手工用砂纸或者动力打磨机在涂层表面进行一次表面处理，至于轻重是根据实际情况来定的。多数是在下道油漆没有在规定间隔期内进行涂装时或者涂层表面受到了一定的污染对涂层附着力存在影响下进行的一种现场补救措施。

(2)油漆表面在暴露空气当中的情况下，时间久了就会在表面形成一层粉化层，通过拉毛可以清除粉化层以及表面的污物。

(3)通过拉毛增加油漆表面的“粗糙度”，为后续涂层提供更大的接触面，从而保证良好的涂层结合力。

16. 喷砂、抛丸的磨料有哪些?

磨料是指一种用于研磨、抛光的物质。可以是自然物质、人工制造或者某一加工程序的副产品。经常使用的材料包括：石英砂、铜矿渣、碳化硅、钢砂、钢丸、不锈钢丸，白刚玉、棕刚玉等。

喷射除锈处理法常使用：石英砂、铜矿渣、碳化硅、白刚玉、棕刚玉等。在封闭的空间内喷砂时，为了节约成本有时也使用钢砂、钢丸、不锈钢丸。

抛丸机除锈处理法常使用：钢砂、钢丸、不锈钢丸等。

17. 常用磨料的特点有哪些?

(1)石英砂(见图2-2-1)：石英砂是一种廉价的磨料，莫氏硬度是6~7，能在基材表面形成蚀刻或锚链状外观，有各种尺寸，乳白色、或无色半透明状，可以通过回收再使用，含有95%~99%的二氧化硅(SiO_2)。二氧化硅存在硅肺病的危险，必须在喷砂过程中采取专门控制。

(2)铜矿渣(见图2-2-2)：铜矿渣是铜矿工业副产品，块状，游离硅含量低于1%，莫氏硬度为6，能在基材表面形成蚀刻或锚链状外观，呈黑色带灰色光泽，有各种尺寸。

(3)碳化硅(见图2-2-3)：碳化硅是专门生产的磨料，尖角状，游离硅含量低于1%，呈黑色，莫氏硬度为8.5，有各种尺寸，能在基材表面形成蚀刻或锚链状外观，可以多次回收，因其

图 2-2-1 石英砂

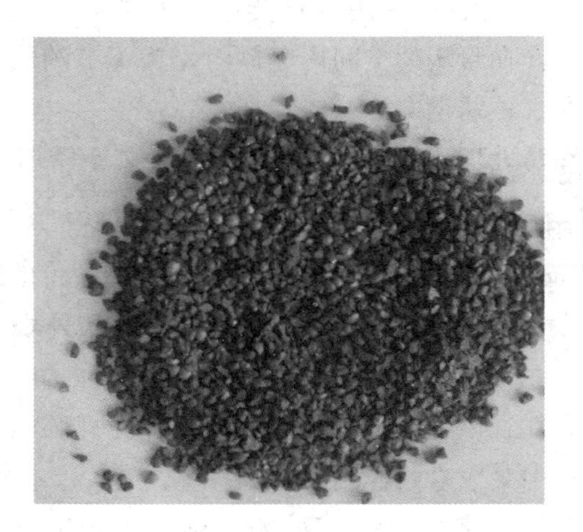

图 2-2-2 铜矿渣

快速切割性、低尘土、高成本，主要在有回收系统的喷砂间内使用。

(4)钢丸(见图 2-2-4)：钢丸是专门生产的磨料，球状，游离硅含量低于1%，成分是氧化铁，莫氏硬度为 42～50，能在表

图 2-2-3 碳化硅

面形成凹痕，回收使用次数达 100 次以上，使用成本低，主要用于抛丸处理生产线，也为其他金属提供表面硬度。

图 2-2-4 钢丸

（5）钢砂（见图 2-2-5）：钢砂是专门生产的磨料，尖角状，游离硅含量低于 1%，成分是氧化铁，莫氏硬度为 42 ~ 62，回收使用次数达 100 次以上，使用成本低，主要在有回收系统的喷砂间内使用，也可与钢丸混合，通过抛丸处理生产线达到特殊的锚链状外观。

图 2-2-5　钢砂

18. 不锈钢表面喷砂的磨料有哪些?

(1) 不锈钢表面经喷砂处理后出现的粗糙度，增加油漆的附着力，通常选用白刚玉和棕刚玉作为喷砂的磨料。

(2) 白刚玉：是以优质的氧化铝粉为原料，经电熔冶炼而成。白刚玉作为磨料具有硬度高、磨削力强、发热量小，效率高，耐酸碱腐蚀、耐高温、热稳定性好的特点。

(3) 棕刚玉：棕刚玉俗名又称金刚砂，是用矾土、碳素材料、铁屑三种原料在电炉中经过融化还原而制得的棕褐色人造刚玉，称为棕刚玉。棕刚玉因其硬度高，韧性好，多用为磨削材料，是最基本的磨料之一。

(4) 铜矿渣也适合做不锈钢表面喷砂磨料。

(5) 不锈钢丸和不锈钢砂可作为喷砂磨料，但成本较高。

19. 磨料选择的注意事项有哪些?

(1) 磨料必须干燥，潮湿的磨料会使喷砂后的金属表面过快的生锈。

(2) 选择磨料要考虑以下因素：密度、硬度、韧度、粒度、颗粒形状、价格。

(3)磨料颗粒所具有的动能直接决定了清理效率的高低，密度大的磨料清理效率高于密度小的磨料；硬度高且抗破碎性能好的磨料高于硬度低、容易破碎的磨料。

(4)一般来讲，小粒度磨料的清理效率高于大粒度磨料，丸粒状磨料的清理效率低于砂粒状磨料。磨料粒径根据表面粗糙度的要求选择。

20. 磨料喷出速度与清理效率有什么关系？

空气压力越大喷砂的速率和效率越高，但是喷砂带和空气带磨损越厉害，使用寿命越短，空气储存罐安全风险越大，磨料的损耗越大，磨料破碎粘在喷砂面的可能性越大。磨料喷出速度与清理效率的比较可参考表2-2-1。

表2-2-1 磨料喷出速度与清理效率的比较

序号	工作压力/MPa	磨料喷出速度/(m/s)	相对清理效率/%
1	0.7	187.7	100
2	0.67	178.7	93
3	0.63	163.1	85
4	0.6	147.5	78
5	0.56	120.7	70
6	0.53	93.9	63
7	0.49	84.9	55

21. 喷砂机耗气量与单只喷嘴口径的关系是什么？

喷砂机耗气量与单只喷嘴口径关系参见表2-2-2。

表 2-2-2　喷砂机耗气量与单只喷嘴口径

喷嘴口径	消耗量	有效压力/MPa					清理效率/(m^2/h)
		0.42	0.49	0.56	0.63	0.7	$S_a3 \sim S_a2$
6.5mm	空气消耗/(m^3/min)	1.44	1.63	1.82	1.98	2.16	5.7~11.6
	功率消耗/kW	8.32	9.39	10.49	11.41	12.48	
	磨料(砂)消耗/(kg/h)	149.4	169.4	195.3	214.3	236.3	
8mm	空气消耗/(m^3/min)	2.56	2.9	3.25	3.62	3.94	10~20
	功率消耗/kW	14.79	16.75	18.78	20.91	22.76	
	磨料(砂)消耗/(kg/h)	246.1	278.3	310	341.8	374.6	
9.5mm	空气消耗/(m^3/min)	3.56	4.04	4.55	4.89	5.54	11.9~23.8
	功率消耗/kW	20.54	23.32	26.26	28.22	31.98	
	磨料(砂)消耗/(kg/h)	345.9	391.1	434.7	476.5	521.9	
11mm	空气消耗/(m^3/min)	4.72	5.38	6.07	6.66	7.05	16.9~33.8
	功率消耗/kW	27.27	31.08	35.07	38.48	40.73	
	磨料(砂)消耗/(kg/h)	440.8	502.1	560.2	618.3	676.5	
12.8mm	空气消耗/(m^3/min)	6.34	7.16	7.98	8.78	9.58	23.4~46.6
	功率消耗/kW	37.29	42.86	48.81	51.48	56.28	
	磨料(砂)消耗/(kg/h)	608.3	608.3	768.2	848.6	928.6	

①表中所列空气消耗量为喷砂时用流量计测得实际值，故其数值低于非喷砂状态下的纯空气流量。

②为了保护空压机，其额定排量应为表列空气消耗量的1.5~1.8倍。

22. 喷嘴有哪些类型?

(1)金属喷嘴(见图2-2-6)：金属喷嘴制造工艺简单、成本低，不适合大型作业。常用的金属喷嘴材料有铸铁、淬火钢、不锈钢等，也可以直接用无缝钢管制成喷嘴，但寿命短。

(2)硬质合金喷嘴：制造工艺较金属喷嘴复杂得多，成本相对较高，但使用寿命较长。但硬质合金的硬度高、韧性低，加工工艺性能差，因此不适合制作结构复杂的喷嘴。

图 2-2-6 金属喷嘴

(3)陶瓷喷嘴(见图 2-2-7):由于硬度高、耐磨性能和耐热性能优异，已在工程领域中获得了广泛的应用。陶瓷喷嘴的使用寿命较金属、硬质合金的使用寿命大幅度提高。但其属于典型的脆性材料，冲击下容易产生裂纹致使材料剥落，因此不适合在强冲击场合下使用。

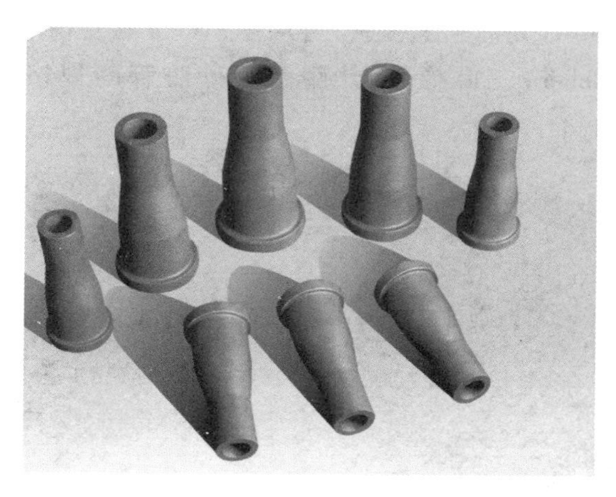

图 2-2-7 陶瓷喷嘴

23. 喷嘴的选择原则有哪些?

(1)材料选择：根据工艺介质的成分及温度，综合考虑材料的强度、耐腐蚀性能、耐温及耐热性能、耐磨性能以及可加工性。

(2)金属喷嘴系列选择：根据分布形状、分布密度。

(3)喷嘴规格选择：根据流量、压力及喷射角。

(4)喷嘴在使用过程中磨损严重会导致工作压力下降，压力下降0.01MPa，会使加工效率下降约2%，通常情况下喷嘴直径增大值以不超原始的20%为宜。

24. 什么是喷砂胶管?

喷砂胶管(见图2-2-8)，是一种物料输送管，常见的颜色有黑色、亚黄色。内外胶管之间带螺旋钢丝以适用负压工况。喷砂管的内胶和外胶通常都采用耐磨材料，以NBR(丙烯腈－丁二烯共聚物)、SBR(充油丁苯橡胶)等居多，部分软管使用性能更好的PARA rubber(三叶橡胶)。耐磨喷砂胶管的规格有：1/2″，3/4″，1″，1¼″，1½″，2″。

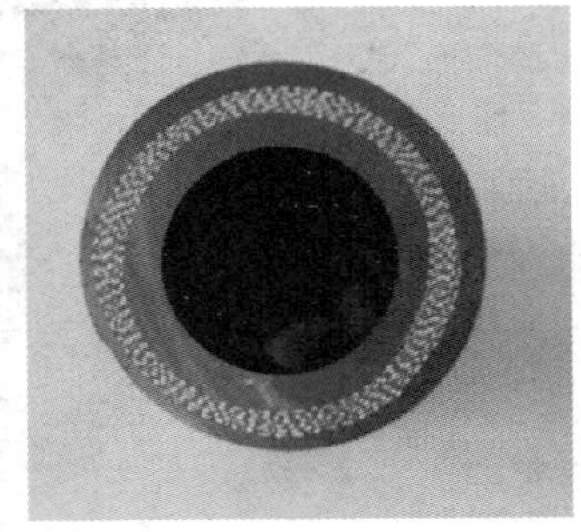

图2-2-8　喷砂胶管

25. 喷砂胶管有哪些类型?

(1)轻型喷砂管:通常用于船只喷砂、流砂作业等使用环境。常见内胶采用耐磨的天然橡胶(NR)材料,外胶采用打包带复合胶包裹。

(2)重型喷砂管:用于设备喷砂、沙砾、细卵石、泥浆等使用环境。

(3)喷砂真空管:内嵌螺旋钢丝,一般真空负压可达到0.09MPa。

(4)钢丝喷砂胶管内衬钢丝,可分为钢丝缠绕胶管、钢丝编织胶管。

26. 喷砂胶管选择和使用的注意事项有哪些?

(1)不能用普通空气胶管代替喷砂胶管,空气胶管的内层橡胶为非耐磨橡胶。

(2)应选用抗静电的喷砂胶管,好的喷砂胶管采用碳黑作抗静电处理。

(3)喷砂胶管内的压力损失大于空气胶管。因此,必须选择适当直径的喷砂胶管,并尽可能缩短喷砂胶管的长度。

(4)尽可能使喷砂胶管处于平直状态,避免小半径弯曲,小半径弯曲会使喷砂胶管磨损加剧,缩短喷砂胶管使用寿命,同时增加阻力。

(5)喷砂胶管应存放于干燥处,盘绕半径不应过小。

(6)通常喷砂胶管的管径应为喷嘴直径的3~4倍。

27. 喷砂用空气胶管如何选择?

压缩空气在空气胶管内存在阻力损失,空气胶管的直径是影响阻力的主要因素,在压缩空气流量足够的情况下,尽量选用内径大的空气胶管,耐压不低于0.7MPa。

28. 空压机出气量和喷嘴数量选择有什么关系?

压缩空气的消耗量以不超过空压机额定容量的75%为宜。表2-2-3为喷嘴直径与耗气量的关系。

表2-2-3 喷嘴直径与耗气量的关系

喷嘴直径/mm	ϕ6	ϕ8	ϕ10	ϕ12
耗气量/(m^3/min)	2.05	4.5	7.0	8.54

如一台额定排气量为12m^3/min的空压机，额定排量的75%为12×0.75=9(m^3/min)，可配用8mm喷嘴两支或10mm喷嘴和6mm喷嘴各一支。

29. 喷砂除锈操作的技术参数有哪些?

(1)喷射角度：一般控制在30°~60°，不宜小于30°。对于牢固的铁锈和氧化皮，可采用接近垂直工件的喷射角度来清理，喷射角度稍向下倾斜以减少迎面飞来的磨料与碎屑。对于层状铁锈及鼓泡油漆层，则可用大至45°喷射角来清理，以利用压缩空气将其铲起加快清理速度。

(2)喷嘴与工作面距离：一般100~200mm，最小不低于80mm。

(3)空气压力：最理想的空气压力为0.7MPa。

30. 喷砂作业操作时有哪些要求?

(1)空气压缩机应选择每分钟供气量不得低于6m^3，气压为0.5~0.7MPa的空压机，空压机应配备齐全附属装置(启动开关、缓冲罐、过滤器、油水分离器、水分吸附器等)。

(2)压缩空气应干燥洁净，不得含有水分和油污，并经以下方法检查合格后方可使用：将吸墨纸靶板或白布白漆靶板置于压缩空气气流中1min，其表面用肉眼观察无油、水等污迹。

(3)在施工前检查施工机具是否准备齐全，设备、管道及零部件进行喷砂作业时，表面不作喷砂处理的螺纹、密封面、光洁面等应做妥善保护，不得受损。喷砂作业前应检查以上机械设备是否正常无误。

(4)施工人员应配备合适的防护用品如调温式防护面具、长袖手套等。

(5)压缩空气应经冷却器、油水分离器及储气罐后方可进入砂罐和喷枪(嘴)，压力不得低于0.55MPa。

(6)先关闭砂罐下面的阀门，再关闭进入贮砂罐和喷枪(嘴)的进气阀，然后打开砂罐侧部的(确认罐内压力为零后，才能打开罐上的装砂盖)放空阀，使砂罐顶部中心顶门下降到能够把磨料装进砂罐内的位置进行装砂。

(7)装砂后，先关闭放空阀，然后打开进气阀，使磨料罐顶部中心顶门上开至密封位置并经喷砂人员示意后，方可逐渐开启罐下出砂三通阀门，以正常喷出砂粒为准。

(8)中途需暂停时，应先关闭贮砂罐的出砂阀，再关闭进气阀。需再喷时，则先打开进气阀，再打开出砂阀，才能进行喷砂。

(9)当喷嘴孔径磨损增大了20%或软管(输砂管)的厚度磨损至65% ~70%时，应立即更换。

(10)构件喷砂后应立即清扫干净，用干燥洁净的压缩空气，硬鬃刷等清除粉尘，并立即进行质量检验，合格后移交下道工序。

(11)喷砂作业完毕，在移交时应由相关方签字认可，方能移交。

31. 喷砂除锈操作过程中注意事项有哪些?

(1)潮湿的磨料会引起堵塞，或造成磨料流量不稳定，会使得已清理表面出现早期返锈。应检查压缩空气系统油水分离器，并应经常开启放水阀门，以免水分随压缩空气带入。

(2)已清理表面有油点残留，除了检查油水分离器，还要考虑到有可能是压缩机的部件已有磨损。

(3)当发现清理效率不高，或达到的表面处理等级较低时，应检查空压机容量与喷嘴是否配套，选择合适的喷嘴口径。同时检查喷砂软管的直径和长度，检查联接器，对尺寸偏大的给予更换。

(4)头盔上的面罩玻璃要经常更换，保证良好的能见度。

第三章 地上防腐施工

1. 油漆涂覆前应注意哪些方面？

(1)油漆涂覆方式的选择。

(2)油漆干燥和养护的条件。

(3)掌握油漆的表干、实干时间、复涂时间等。

(4)混合后的使用时间。

(5)除锈后是否报验合格。

(6)测量底漆的厚度是否符合设计要求；检查底漆漆膜完整、破损、洁净情况，是否有粉化，如有粉化需进行拉毛处理，再进行中间漆或面漆的施工。

(7)测量中间漆的厚度是否符合设计要求，检查中间漆漆膜完整、破损、洁净情况，再进行面漆的施工。

2. 什么是预涂？有什么作用？

预涂就是正式涂漆前对一些容易漏涂、难涂、隐蔽的部位提前涂漆，如焊缝处、平台上的落水孔、结构的断面、结构的边角等。

预涂的作用：

(1)避免漏涂后造成局部的返锈，影响防腐的整体质量。

(2)保证预涂部位的油漆厚度，保持涂层整体寿命的一致性。

(3)提高刷漆速度，保持颜色的一致。

(4)预涂是针对每一道漆，如底漆、中间漆和面漆分别做好预涂。

3. 什么是试涂？有什么作用？

对于一些设备、管道等进行大面积涂漆前，进行试验性涂漆。

试涂作用：

(1)能有效的控制油漆的合理用量，减少浪费和多用，提高经济效益。

(2)对油漆说明书中调漆、稀释剂的添加等的再确认，更适合施工需要。

(3)根据设计厚度，确定涂刷的遍数。

(4)提前确认油漆计划数量的合理性，避免多提或少提油漆。

4. 调兑油漆时，应注意哪些事项？

(1)油漆使用量大时，要设专人调兑油漆。

(2)调兑油漆前，要仔细阅读生产厂家提供的油漆使用说明书。

(3)打开油漆桶后，察看油漆有无异样，比如颜色、沉淀情况、容量等。

(4)先对整桶进行搅拌，使用搅拌器进行搅拌，把桶中油漆搅拌均匀。尤其涂覆用量少时，更要做到这一点。

(5)油漆搅拌均匀后，加入固化剂。再次进行搅拌至均匀，颜色一致。如用量不多时，固化剂的添加按体积比加入。

(6)稀释剂按体积比和厂家油漆说明书加入，同时结合温度、涂覆方式，进行增减。

(7)油漆调兑后要进行熟化，熟化时间一般为15min左右。

(8)坚持油漆用多少，调兑多少的原则，未使用的部分及时做好封闭。

5. 底漆涂覆前应注意哪些方面？

(1)除锈方式是否符合设计要求，除锈后是否报验合格。

(2)要根据底漆的特点，选择合适的施工方式。水溶性底漆宜采用高压无气喷涂，如无机富锌等。

(3)底漆使用符合设计要求，不能出现混用，按油漆使用说明进行配兑。

(4)即将下雨或大风时不能涂覆底漆。

(5)空气湿度和温度不适合涂漆时，不能进行施工。

6. 中间漆涂覆前应注意哪些方面？

(1)对底漆进行检查验收。

①底漆的厚度是否符合设计厚度要求。

②底漆表面是否有损伤、返锈、灰尘和污染现象。

③考虑重涂间隔时间。不能小于最短重涂间隔时间。超过最长重涂间隔时间，漆膜表面要进行拉毛处理。

(2)中间漆必须和底漆配套使用。

(3)阅读油漆使用说明，了解油漆配兑要求、表干和实干时间。根据设计厚度制定涂刷遍数及稀释剂的添加量。

(4)根据不同的涂漆部位，采用不同的涂漆方式。焊缝、角、边等区域应用毛刷进行涂刷，避免漏涂或涂刷不全。

(5)关注天气情况及温度、湿度，符合规范要求时，可以进行涂漆施工。

7. 面漆涂覆前应注意哪些方面？

(1)对中间漆进行检查验收。

①中间漆的厚度是否符合设计厚度要求，底漆和中间漆的总厚度不得低于设计要求的总厚度，不能出现用增加面漆厚度，来

弥补底漆和中间漆的总厚度的负偏差。

②中间漆表面是否有损伤、返锈、灰尘和污染现象。

③考虑重涂间隔时间。不能小于最短重涂间隔时间。超过最长重涂间隔时间，漆膜表面要进行拉毛处理。

(2)面漆必须和底漆、中间漆配套使用。大面积涂刷时，所用油漆应为同一批号。

(3)阅读油漆使用说明，了解油漆配兑要求、表干和实干时间。

(4)根据不同的涂漆部位，采用不同的涂漆方式。焊缝、角、边等隐藏区域应用毛刷进行涂刷，避免漏涂或涂刷不严。

(5)关注天气情况及温度、湿度，符合规范要求时，可以进行涂漆施工。

(6)大面积刷涂最后一遍面漆时，必须选择晴天进行，施工作业面和太阳转向一致。

8. 稀释剂使用时注意哪些事项？

(1)专用稀释剂，不能混用。

(2)稀释剂用量按体积比调兑。

(3)按温度的变化，增减用量，夏季挥发快，稀释剂用量增加。

(4)涂覆的方式不同，稀释剂用量不同。刷涂和滚涂用量多一些，无气喷涂会少一些。

(5)漆膜干燥的快慢有关，希望漆膜干燥的快一些，或尽快进行下一道漆的施工时，应少加稀释剂。

(6)考虑涂漆的空间大小有关，在密闭空间涂漆时，应减少稀释剂的用量，由于稀释剂挥发的快，密闭空间挥发气体的浓度会增高，对人体的伤害和带来火灾或爆炸的危险性。

(7)稀释剂对漆膜厚度的影响，手工涂刷时，稀释剂多加后，每道漆的漆膜厚度会降低，增加涂刷的遍数，增加人工成本。

(8)调兑稀释剂时，把厂家油漆说明书和实际情况一起考虑，由于油漆本身的粘稠度不一样，所加的稀释剂的多少也不一样。油漆本身的黏稠度大时，适当增加稀释剂的用量；油漆本身的黏稠度小时，适当减少稀释剂的用量。

9. 防腐施工时，油漆的用量怎么估算？

(1)手工刷漆、滚涂：第一遍漆时考虑粗糙度损耗，用量为理论涂布率的1.6倍左右；第二遍漆用量为理论涂布率的1.5倍。

(2)喷涂(开放式施工)：第一遍漆时考虑粗糙度损耗，用量为理论涂布率的2倍左右；第二遍时用量为理论涂布率的1.8倍。

10. 刷涂方式的应用范围有哪些？

刷涂可适用于各种形状的被涂物，工具简单，适用油漆的品种多，宜用于以下范围：

(1)小面积或零星工作。

(2)构件面积小，构件结构中筋板密集，空间小的部位。

(3)焊缝处、重腐蚀处理后的表面。

(4)凹凸的部位，如法兰、螺栓、螺母、角落处。

(5)两种面漆颜色接茬处、标识、油漆的修补等部位。

11. 刷涂基本要点有哪些？

刷涂的质量好坏，主要取决于操作者的实际经验和熟练程度，刷涂时应注意以下基本操作要点：

(1)使用毛刷时，一般应采用直握方法，用手将毛刷握紧，主要以腕力进行操作涂刷。

(2)涂刷时，应蘸少许的油漆，刷毛浸入漆的部分，应为毛长的1/3到1/2，蘸漆后要将漆刷在漆桶内的边上轻抹一下，除去多余的漆料，以防产生流挂或滴落。若遇凹陷、焊缝部位要来回揉搓，纵横涂刷，使油漆充分渗入。依次涂刷二道，边界转角处采用毛刷多涂刷1～2遍。

(3)对于燥较慢的油漆，应按涂敷、抹平和修饰三道工序进行：

涂敷：将油漆大致的涂布在被涂物的表面上，使油漆分开；

抹平：用漆刷将油漆纵、横反复地抹平至均匀。

修饰：用漆刷按一定方向轻轻地涂刷，消除刷痕及堆积现象。

在进行涂敷和抹平时，应尽量使漆刷垂直，用漆刷的腹部刷，在进行修饰时，则应将漆刷放平些，用其前端轻轻地涂刷。

(4)干燥较快的油漆，应从被涂物的一边按一定的顺序快速、连续的刷平和修饰，不宜反复刷涂。

(5)刷涂的顺序：一般应按自上而下、从左到右、先里后外、先斜后直、先难后易的原则，栏杆等安全保护则应先外后里，最后用漆刷轻轻抹平边缘和棱角，使漆膜均匀、致密、光滑和平整。

12. 滚涂方式的应用范围有哪些？

滚涂方式可适用于：

(1)较大面积表面涂漆，施工效率高。如罐体表面、大口径管道、表面积大的构件。

(2)滚筒与涂漆表面接触面较大且平整，涂层均匀，更适合重防腐油漆、厚浆型油漆的施工。缺点是边角需用刷子手工补涂。

(3)滚筒把可接长，减少脚手架的搭设，降低安全风险。

(4)采用多辊子组成的滚漆机进行滚涂施工时，将调配好的油漆通过滚漆机上的滚筒涂到被涂物上，可形成自动化生产，涂装效率高。一次辊涂可达到要求厚度，但只能适用平板件或带状工件的涂装。

13. 滚涂施工要点有哪些?

(1)将滚子的一半浸入油漆(不宜太多),然后提起,在桶边刮掉多余油漆,避免产生流挂或滴落。

(2)滚涂施工按“轻滚布涂、重滚压漆、轻滚梳理”的顺序进行。把滚子按 W 型轻轻地滚动,将油漆大致涂布于被涂物表面上,接着把滚子上下密集滚动,将油漆均匀地分布开,最后使滚子按一定的方向滚动,滚平表面并修饰。

(3)滚动时,初始用力要轻,以防流淌,随后逐渐用力,使涂层均匀。

(4)滚子用后,应尽量挤压掉残存的漆料,或用油漆的溶剂清洗干净,晾干后保存起来,或悬挂着将滚子部分浸泡在溶剂中,以备再用。

14. 空气喷涂方式的应用范围有哪些?

空气喷涂法是最简单并广泛使用的一种喷涂方法,其主要原理是利用压缩空气(气压在 0.3 ~0.5MPa)流经喷嘴时,使其周围产生负压而使漆液被吸出,因压缩空气的快速扩散而雾化。涂装效率高,涂膜质量好。缺点是油漆消耗大,环境污染严重,对操作工人健康有损害。

(1)可喷涂的油漆范围广,既可喷涂慢干的油性漆,也可以喷涂快干的硝基漆、丙烯酸漆,对低黏度的染色剂也能喷涂。

(2)适应性强,应用广泛,既能喷涂零部件,也能喷涂整体制品。对于制品上的倾斜凹凸及曲线部位的涂饰比较方便。对于零部件的较隐蔽部件(如缝隙、凹凸),也可均匀地喷涂。喷涂较大的零部件或产品时,更能显示其高效率的涂装优势。

(3)适用于各种材质、形状大小不同的工件涂装，如机械、化工、船舶、车辆、电器、仪器仪表等。

15. 空气喷涂操作时的注意事项有哪些?

(1)喷涂距离一般在20~40cm，喷涂距离保持恒定是确保涂膜均匀的重要因素之一。喷枪在左右运行时，需保持平行才能使喷涂距离保持恒定。如果喷枪呈弧状运行，喷距不断变化，会使涂膜中部与两端有明显差异而厚薄不匀。

(2)喷枪的移动速度：在喷涂过程中，每种油漆必需达到其规定要求的涂层厚度。按规定膜厚而选择的喷嘴有其固定的流量和喷幅，所以喷枪移动的速度是掌握膜厚的因素，应当按照涂膜厚度的要求，确定适当的移动速度，并保持恒定，以取得均匀一致的厚度。

(3)雾幅的重叠：由于喷雾图形中部涂膜较厚，两边缘较薄，喷涂时必需前后雾幅相互搭接，才能使涂膜均匀，一般雾幅相互搭接处重叠约30%~50%，以保持涂膜厚度的均匀性。

(4)喷涂前的准备：主要决定于技术的熟练程度，和对于喷涂材料本身性质的了解，选用适当的工具和喷涂压力才可产生正常的结果。喷漆最常见的缺陷为不平，表面呈桔皮或流挂，为避免这种缺陷，可先试喷一块，若发现缺点，可及时调整黏度、喷距和压力，待漆膜试喷满意后，再喷到工作物面上去。

(5)涂膜厚度的一般规律：固体量高则涂膜厚；黏度高则涂膜厚；气压高则涂膜厚；喷距近则涂膜厚；移动慢则涂膜厚；喷嘴大则涂膜厚。反之则薄。

16. 常见空气喷枪故障产生原因和防治方法有哪些?

常见空气喷枪故障产生原因和防治方法见表2-3-1。

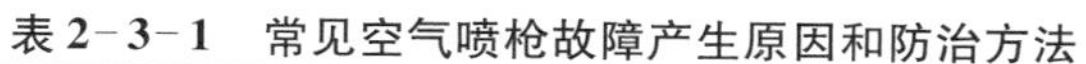

表 2-3-1 常见空气喷枪故障产生原因和防治方法

序号	故障现象	产生原因	防治方法
1	喷射过于剧烈，产生强烈起雾	空气压力过大，供漆量不足	降低空气压力，增加供漆量
2	喷射不足，喷枪工作中断	空气压力低，漏气	提高空气压力，修理漏气处
3	喷漆时断时续	油漆不足，出漆孔堵塞，喷嘴损坏或拧固不好，油漆黏度过高	补加油漆，疏通堵塞物，更换、紧固喷嘴，降低油漆黏度
4	雾化不良	油漆黏度过高，喷出量过大	降低油漆黏度，调整油漆出量
5	一侧过浓	空气帽松，空气帽或喷嘴变形	紧固空气帽，更换空气帽
6	涂层中间厚，两侧薄	空气调整螺栓拧的太紧，喷涂气压过低，油漆黏度过高，油漆喷嘴过大	放松调整螺栓，提高喷涂气压，降低油漆黏度，更换喷嘴
7	涂层中间薄，两侧厚	喷涂气压过高，油漆黏度低，油漆喷出量小，空气帽和喷嘴间有污物或油漆固着	降低喷涂气压，提高油漆黏度，提高油漆喷出量，除去空气帽和喷嘴件的污物和干固油漆
8	开始喷涂时出现飞沫	顶针未经调整没有越过开放的空气道	调整顶针末端螺母，使扣扳机时先打开气路
9	喷头漏漆	喷嘴没旋紧，喷嘴端部磨损或有裂纹，喷嘴与针阀之间有污物，针阀弹簧损坏	调整顶针的螺母，更换有裂纹的喷嘴，清洗喷嘴内部及针阀，更换针阀弹簧
10	未扣扳机，前端漏气	空气阀垫圈太紧，空气阀弹簧损坏	放松空气阀垫圈，更换损坏的空气阀弹簧

17. 空气喷涂时漆雾过大产生的原因及处理的方法有哪些？

(1)操作顺序不对使喷漆产生的漆雾微粒反弹溅到已喷好漆的表面上产生雾漆。

(2)环境通风差，无法将飞溅和扩散的漆雾、粉尘有规则地排出。调整风向扩大漆雾散发空间位置。

(3)枪距太远时容易造成漆雾的飞溅和扩散。小枪：150～250mm；大枪：250～350mm。

(4)屏蔽不好，没按要求屏蔽或在操作过程中屏蔽破坏没及时修补。按要求屏蔽并及时修补。

(5)走枪角度不对，造成漆雾无规则的飞溅和扩散。应横平竖直，不要形成抛弧形状。

(6)无规则找补，喷漆时断断续续或频繁点射及不按顺序。尽量一气呵成，有序找补。

18. 空气喷涂后的流挂产生的原因有哪些？

油漆施涂于垂直面上时，由于其抗流挂性差或施涂不当，漆膜过厚等原因而使湿漆膜向下移动，形成各种形状下边缘厚的不均匀涂层。流挂原因：

(1)溶剂挥发缓慢。

(2)喷涂得过厚。

(3)喷涂距离过近，喷涂角度不当。

(4)油漆黏度过低。

(5)气温过低。

(6)通风不好，周围空气中溶剂蒸汽含量高。

(7)油漆中含有相对密度大的颜料(如硫酸钡)，在漆基中分散不良的色漆。

(8)在旧漆膜上(特别是在有光的漆膜上)涂布新漆时也易产生流痕。

19. 空气喷涂后漆膜表面气泡产生的原因及处理的方法有哪些?

(1)被涂面油水没除净，温度升高后膨胀鼓泡，外形圆顶。处理方法：喷漆前检查表面清洁度，工件室外存放注意早上有露水，冬天露水易结冰，室外喷漆要打磨和晒干。

(2)底层不干净，溶剂膨胀鼓泡，外形尖顶。处理方法：按工艺要求保持间隔时间和满足干燥时间要求。

(3)底层锈蚀，金属锈蚀膨胀。处理方法：除锈后喷漆。

(4)空气潮湿，湿漆膜下有潮气，气温升高后膨胀。处理方法：湿度超过85%时不喷漆。

(5)湿膜急遇高温，表层挥发过快，内层气体集蓄膨胀。处理方法：夏天刚喷过漆不要在太阳下暴晒。

(6)油漆太稠，漆膜过厚，内层挥发不出去，气体集蓄膨胀。处理方法：应按工艺要求调配黏度。

(7)压缩空气中含水：使漆液中含水，温升膨胀凸起。处理方法：喷漆前和过程中及时排水，夏日室外每小时一次，冬天室外三小时一次，其他两小时一次，室内增加一小时。

(8)一次喷涂过厚：表层挥发过快，内层气体集蓄膨胀。

(9)稀料水污染：使漆液中含水，温升膨胀凸起。

20. 高压无气喷涂方式的应用范围有哪些?

(1)高压无气喷涂，广泛应用于建筑、石油化工、桥梁、船舶、机车、汽车、航空等领域。

(2)高压无气喷涂，适用于下列高固体分油漆：环氧树脂、硝基类、醇酸树脂类、过氯乙烯树脂类、氨基醇酸树脂、环氧沥青类油漆、乳胶类油漆以及合成树脂漆、热塑性和热固性丙烯酸树脂类油漆等。

21. 高压无气喷涂的优点有哪些?

(1)涂装效率高达70%，为普通空气喷涂的3倍以上。可节省油漆和溶剂5%~25%。

(2)适用于黏度大、固体分高的油漆。由于压力高，高黏度、高固体分油漆也容易雾化，一次喷涂涂膜较厚，可节省时间，减少施工次数，一次喷涂膜可达40~100μm。

(3)因油漆内不混有压缩空气，同时油漆的附着力好，即使在工件的边角、空隙等处也能涂上漆，形成良好的涂膜。

(4)喷涂时，漆雾少，油漆中溶剂含量也少，油漆利用率高，减少了对涂装环境的污染。

22. 高压无气喷涂机喷涂过程中常见故障有哪些?如何处理?

(1)压力不足可能原因:

①压力设置太低，应增加压力。

②有堵塞，应清洗并在吸料管进口处加过滤网。

③喷嘴过大或磨损，应更换喷嘴。

(2)喷枪异常震动可能原因:

①不正确的油漆管，应更换正确的油漆管。

②喷嘴太大或磨损，应更换喷嘴。

③压力过大，应降低压力。

(3)油漆从加油口涌出可能原因:上密封圈磨损，应更换上密封圈。

(4)喷枪有油漆漏出可能原因:

①设备中有空气，应检查。

②喷枪中有脏东西，应清洗喷枪。

③喷枪密封圈磨损，应更换密封圈。

(5)喷枪无法停止出料可能原因：

①喷针或密封圈磨损，应更换喷针或密封圈。

②喷枪内有脏物质，应清洗喷枪。

(6)喷枪不出料可能原因：

①无油漆供应，应检查。

②喷嘴堵塞，应反向清洗喷嘴。

③喷针磨损，应更换喷针。

(7)喷幅有拖尾现象可能原因：

①喷涂压力不足，应增加油漆压力。

②油漆无法完全雾化，应更换小一号喷嘴。

③油漆流速不够，应清洗喷枪及设备密封圈。

④油漆黏度过高，应降低油漆黏度。

⑤喷嘴破损，应更换喷嘴。

(8)喷幅不均匀可能原因：喷嘴过大，应更换喷嘴。

(9)中间太厚可能原因：喷嘴有缺口，应更换喷嘴。

(10)喷幅歪一边可能原因：喷嘴堵塞或磨损，应更换或清洗喷嘴。

(11)喷幅忽大忽小可能原因：

①吸料管渗漏，应检查并旋紧。

②使用油漆管不正确，应使用正确油漆管。

③喷嘴太大或磨损，应更换喷嘴。

23. 高压无气喷枪作业要点有哪些？

(1)关键涂装参数选择：

①喷枪与被涂覆物表面尽量成垂直角度平行移动。

②喷枪与被涂覆物表面的距离应控制在200～400mm。

③喷枪移动速度为0.3~1.5m/s。

④从高压泵到喷枪之间的油漆输送管长度以20m为宜，最长不超过50m。

(2)喷枪的拿握方法和姿势：

①手：拿握喷枪不要大把满握，无名指和小指轻轻握住枪柄，食指和中指勾住板机，枪柄夹在虎口中，上身放松，肩要下沉，以免时间长了手腕和肩膀疲乏。

②眼：喷涂时要眼随喷枪走，枪到哪眼到哪，既要找准喷枪要去的位置，又要注意喷过涂膜形成的状况和喷束的落点。

③身躯：喷枪与物面的喷射距离和垂直喷射角度，主要靠身躯来保证。喷枪的移动同样要用身躯来协助膀臂的移动，不可只移动手腕，但手腕要灵活。

(3)喷涂方法及施工工序：

①喷涂的方法有纵向、横向交替喷涂和双重喷涂两种方法。双重喷涂也叫压枪法，是使用较为普遍的一种方法。

②喷枪喷涂出的喷束是呈扇形射向物面的，喷束中心距物面最近，边缘离物面最远，因而中心比边缘的油漆落点多，形成的涂膜中间厚边缘薄。压枪法是将后一枪喷涂的涂层，压住前一枪喷涂涂层的1/2，以使涂层的厚薄一致。并且喷涂一次就可得到两次喷涂的厚度。

(4)跟据油漆品种推荐的高压无气喷涂工艺参数见表2-3-2。

表2-3-2 根据油漆品种推荐的高压无气喷涂工艺参数

涂料品种	喷嘴等效口径/mm	流量/(L/min)	喷雾图形幅宽/mm	黏度(涂-4杯)/s	油漆压力/MPa
磷化底漆	0.28~0.38	0.42~0.80	200~360	10~20	8~12

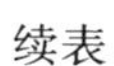

续表

涂料品种	喷嘴等效口径/mm	流量/（L/min）	喷雾图形幅宽/mm	黏度（涂-4杯）/s	油漆压力/MPa
油性氧化铅防锈漆	0.38~0.43	0.80~1.02	200~310	30~90	10~14
油性红丹底漆	0.33~0.43	0.61~1.02	200~310		11以上
环氧富锌底漆	0.43~0.48	1.02~1.29	250~410	12~15	10~14
烷基硅酸盐富锌底漆	0.43~0.48	1.02~1.29	250~410	10~12	10~14
云母氧化铁酚醛树脂漆	0.43~0.48	1.02~−1.29	250~410	30~70	10~14
丙烯酸改性醇酸树脂漆	0.33~0.38	0.61~0.80	200~310	30~80	10~14
醇酸树脂漆	0.33~0.38	0.61~0.80	200~310	30~80	12~14
聚氨酯树脂漆	0.33~0.38	0.61~0.80	250~310	30~50	11~15
氯磺化漆	0.33~0.38	0.61~0.80	250~360	30~70	12~15
环氧树脂漆	0.38~0.43	0.80~1.02	250~360	50~90	12~15
煤沥青环氧树脂漆	0.48~0.64	1.29~−2.27	310~360		12~18

24. 高压无气喷枪跳枪的原因及解决办法是什么？

（1）喷嘴上的针塞、密封、螺丝没拧紧或没装好或枪针密封套件松动；拧紧松动部位。

(2)异物堵塞住喷嘴，造成跳枪；拧开喷嘴，进行疏通并放出部分油漆把异物冲开。

(3)油漆桶内油漆不多了，吸棒内的油漆断断续续，形成跳枪；检查油漆剩余量。

(4)操作过程中，气压不正常也会导致跳枪；开机前检查气压是否正常稳定。

25. 高压无气喷涂时出现干喷的原因和危害及处理方法有哪些?

(1)干喷是重防腐油漆的漆雾粒子在达到被涂钢材表面时，液体已经变干，无法形成连续的涂膜。干喷主要形成原因有：气温过高(>30℃)；喷枪距被涂面距离大于300~400mm，喷枪的手势为弧形或倾斜；喷漆压力过高；室外喷漆时风大。

(2)干喷的危害：漆膜似砂皮一般，涂层附着力较差，而且会造成严重锈蚀。

(3)处理的方法：

①表面涂层形成干喷后，干燥粘附的粒子应全部扫去或铲去。必要时要重新进行表面处理。

②在气温超过30℃时，禁止施工。

③施工使用最小的压力，只要压力足够雾化油漆即可，使用小喷幅的枪嘴，使用大口径喷枪。

④控制喷枪与被涂面距离不大于300~400mm，保持喷枪的手势为垂直方向。

⑤阅读油漆厂家提供的油漆施工说明，控制好喷漆压力。

⑥减少和避免室外喷漆，如必须在室外喷漆时，应做好围挡。

26. 焊缝的油漆补口有什么要求？

（1）焊缝油漆补口前应试压合格且进行了交接。

（2）焊缝的除锈应使用手砂轮，除锈范围超过油漆涂层50mm，除锈级别达St3级。

（3）除锈经报验合格后，涂刷底漆；补口两端涂刷范围超过原油漆涂层50mm，涂刷的遍数或厚度达到设计要求。

（4）中间漆、面漆的遍数或厚度达到设计要求。

（5）涂漆面应整齐、美观，焊缝两侧漆膜如有烧黑、破损，也要进行处理。

27. 油漆补伤有什么要求？

（1）漆膜损伤处出现重度返锈，除锈应使用手砂轮，除锈范围超过油漆涂层50mm，除锈级别达St3级。

（2）漆膜损伤处出现轻微的返锈，用120目砂布打磨，除锈范围超过油漆涂层50mm。

（3）漆膜表面损伤，用腻子刀铲掉翘起的漆皮，用120目砂布打磨，边缘成羽状，并平滑过渡。

（4）除锈经报验合格后，涂刷底漆；补伤外围涂刷范围超过原油漆涂层50mm，涂刷的遍数或厚度达到设计要求，新涂漆边缘成规则的方形。

（5）中间漆、面漆的遍数或厚度达到设计要求。

28. 刷漆时，应对哪些部位进行保护？

（1）油漆涂覆前，应对电子设备、金属结构件、机座的孔、螺孔、机械加工后的表面等部位进行保护。

（2）在装置现场进行除锈和涂漆时，要对附近的物体、本体和不需涂漆的部位做有效的防护，防止成品污染。

29. 大面积涂覆施工时应注意哪些方面?

大面积刷涂是指各类容积的储罐、大型设备、各类炉子、空冷器等油漆的施工。

(1)底漆、中间漆和面漆必须配套使用，同一生产厂家。

(2)油漆必须在有效期内，油漆复检合格。

(3)阅读油漆使用说明，了解油漆配兑要求及表干和实干时间，根据设计厚度要求、温度和涂漆方式，确定稀释剂的添加量。

(4)最后一遍面漆涂漆时，为减少色差，面漆应为同一批号。

(5)保证底漆、中间漆和面漆各自的厚度符合设计要求，漆膜厚度符合规范验收要求，不能出现总厚度不够时，用面漆的厚度来弥补。

(6)为了保证涂漆的严密性和厚度，对焊缝、角、边或隐藏区域应用毛刷进行涂刷，避免漏涂或涂刷不严。

(7)每刷一遍漆前，应对上一道漆膜进行检查，对损伤、返锈等进行修补处理，对灰尘、漆皮、刷毛及污染现象进行清理。

(8)重涂间隔时间不能小于最短重涂间隔时间；超过最长重涂间隔时间，要进行拉毛处理。

(9)关注天气情况，温度、湿度等符合规范要求时，才可以进行涂漆施工。

(10)大面积刷涂最后一遍面漆时，必须选择晴天进行，施工作业面和太阳转向一致。

30. 环氧云铁中间漆施工应注意的问题?

(1)涂刷前，应检查底漆漆膜完整、厚度符合设计要求，没有返锈现象。

(2)保持底漆表面干燥，没有污染或其他杂物，如漆皮、刷毛、滚筒毛等。

(3)底漆与中间漆涂覆间隔时间过长或底漆表面出现粉化时，应进行拉毛处理。

(4)涂装厚度：高压无气喷涂、空气喷涂一道，干膜厚度65μm左右，手工涂刷一道，干膜厚度40μm左右。

(5)使用配套稀释剂，不能混用。

(6)环氧云铁中间漆与固化剂、稀释剂混合后，用搅拌器搅拌，熟化15min后可以使用。

31. 聚氨酯漆施工应注意哪些问题?

(1)双组分油漆，施工时应按生产厂家规定的比例调配。如甲组分太多则涂膜硬而脆，过少则涂膜硬度降低甚至发软，导致涂膜易水解，降低了耐水和耐化学品性，涂层干燥时间延长。按比例调配好的油漆需静置约20min。

(2)从贮漆桶取出油漆后，需将桶盖盖紧，以免吸潮胶凝变化，并防止溶剂挥发。

(3)被涂饰物面应干燥，若含有水分易使涂层起泡。

(4)须采取“湿碰湿”的涂饰方法，即头一层涂膜未完全固化，清除漆膜表面尘粒、刷毛、起泡等，即可涂刷第二道漆，可确保涂层之间附着力的增强。

(5)涂层经高温烘干而固化的涂膜性能比常温干燥固化的要好。

(6)若采用高压无气喷涂，不仅施工效率高，而且不会因带入压缩空气中的水、油等杂质而降低涂层质量。

(7)涂饰水泥物面，应先将油漆甲组分加入用量1~2倍的聚氨酯稀释剂进行稀释，涂饰在经清洁干净而干燥的水泥面上，并使之渗入缝隙，牢固地粘接在水泥表面上，以提高整个涂层的附着力。然后用填料及环氧树脂液、固化剂调成腻子、嵌补表面裂缝洞眼，然后砂光，接着涂饰聚氨酯色漆即可。

(8)在气温较低时，涂层固化较慢，在调配油漆时可适量的增加固化剂的用量，加快固化的进程。

(9)硝基油漆使用专用的稀释剂，醇类溶剂不能用来稀释聚氨酯油漆。

(10)在常温下，聚氨酯涂层需经七天后才能充分固化成结实的涂膜，不宜提前检测或使用。

(11)不要一次涂膜过厚，应分次薄涂，避免形成裂纹等质量缺陷。

(12)高温时，漆膜表干时间缩短，施工过程中的涂刷修理的允许时间及漆膜自身流平时间都不够，很容易产生立面刷痕。尽量避开正午高温时间施工，确保表干时间，使漆膜有充足的流平时间，确保漆膜流平效果。

32. 有机硅树脂漆施工应注意哪些问题?

正常情况下，有机硅油漆均采用喷涂施工，喷涂施工需注意如下要点:

(1)任何油漆施工都需符合规定的温湿度条件，有机硅油漆也不例外。有机硅油漆施工的最佳环境温度为10～30℃，环境湿度为25%～80%。

(2)空气压缩机要注意加装油水分离器，并每天定时对油水分离器、空压机放水。

(3)涂装前，对不需要涂装的部位，如楔槽、轴孔、精加工面以及一些特殊部位进行遮蔽。

(4)涂装前，严格检查涂装器具是否洁净、干燥，如有污染必须处理，使其达到相应要求再涂装。

(5)调漆时，要使用专用稀释剂调节油漆黏度。

(6)喷涂工具用毕后，应及时清洗，保持清洁、干燥，待下次使用。

(7)漆膜表面要避免人为的践踏及搬运中的机械损伤。

(8)根据有机硅油漆产品所要求的干燥条件进行固化，以保证漆膜质量。

33. 高氯化聚乙烯油漆的施工要求有哪些?

(1)使用前充分搅拌均匀，把被涂物处理干净，严防油污、水分、灰尘及其他污物存在(建议喷沙除锈至Sa2.5级或手工除锈至St3级)，以保证涂刷质量。

(2)涂刷各道涂层时须间隔4h，涂最后一道底漆须经24h后，再涂第一道面漆。涂完最后一道面漆后，在常温下干燥10~15天后方可使用。

(3)阴雨天或相对湿度大于75%时，应停止施工。施工时如漆质过稠，可用专用稀释剂调整黏度。

(4)贮存期十二个月，过期应检验各项技术指标，达到技术要求可继续使用。

34. 过氯乙烯油漆的施工要求有哪些?

过氯乙烯油漆适宜喷涂施工，在相对湿度大于70%时施工，需加适量F-2过氯乙烯防潮剂，以防漆膜发白。

(1)F-2过氯乙烯防潮剂配方(质量比)环乙酮:二苯甲:醋酸丁脂为30:50:20。

(2)过氯乙烯各色油漆可与G06-4过氯乙烯底漆或C06-1醇酸底漆配套使用。

(3)施工时如油漆黏度过高可加入X-3过氯乙烯稀释剂加以稀释。

35. 环氧磷酸锌底漆施工时应注意哪些问题?

(1)环氧磷酸锌底漆在储存过程中，会有一定的沉淀现象，使用前应先将油漆彻底拌匀。

(2)环氧磷酸锌底漆是由油漆和固化剂配套的双组分油漆。使用时必须将两个组分按规定的配比混合拌匀。混合后的产品必须在规定时间内用完。

(3)在暂停作业时，勿让油漆留在漆管、喷枪或喷涂设备中，应用配套的环氧稀释剂彻底冲洗所有设备，以免漆料固化而堵塞喷涂设备。

(4)被涂物体表面温度必须至少高于露点3℃。一方面为了避免被涂表面有凝液存在，从而影响油漆的粘结性能。另一方面在涂覆过程中及刚涂覆完的表面如发生水汽冷凝，会影响表面光泽度及颜色。

(5)由于环氧磷酸锌底漆含有挥发性有机溶剂，因此在封闭空间内使用时，必须确保良好的通风。大风、下雨、下雪或有雾情况下不宜施工。

(6)为了保证底漆的防腐效果，应及时使用配套的中间漆进行封闭。

36. 无机富锌底漆施工时应注意哪些问题?

(1)基材表面除锈等级要求必须达到标准 Sa2.5 级以上，才能达到良好的附着效果。

(2)涂装方法应采用空气喷涂或高压无气喷涂方法，不宜采用刷涂或辊涂；如果采用高压空气喷涂方法，尤其要注意高压空气质量，因为无机富锌底漆对油比较敏感，因此要确保高压空气无油、无水；高压无气喷涂喷漆泵压力比宜采用 1∶32，进气压力应控制在 0.4 ~0.6MPa，喷涂角度应控制在 60° ~90°，喷涂距离应控制在 300mm 左右。

(3)不允许采用 2 道喷涂，一次达到厚度要求，为保证涂层厚度，对厚度达不到设计要求的部位，应在涂装后 1h 内进行补涂，补涂亦应采用喷涂方法。

(4)因无机富锌底漆主要成膜物质为硅酸乙酯，在固化过程中要吸收一定水分，因此，涂装后1h若空气相对湿度小于70%，应采用空中洒水等方法提高湿度，以保证无机富锌底漆能够完全固化。

(5)无机富锌底漆完全固化后表面会形成一层松散颗粒，为保证后道涂层黏附强度及外观质量，在封闭漆涂装前应用砂纸进行一遍整体打磨，将所有松散颗粒清除干净。

(6)为避免涂层表面产生裂纹，涂层厚度不宜超过设计要求。

(7)为了确保涂层之间良好的层间结合力，局部破损区域的补涂应采用环氧富锌底漆代替无机富锌底漆。

(8)在施工过程中，防止沉淀发生，应持续进行搅拌。

37. 环氧富锌底漆施工时应注意哪些问题?

(1)使用环氧富锌底漆时空气的相对湿度不要大于75%，否则漆膜易发生鼓泡。

(2)表面处理：钢材表面大面积涂刷必须达到除锈标准Sa2.5级，局部修补可以用砂轮机除锈达到St3级。

(3)熟化时间：(23±2)℃时20min。适用时间：(23±2)℃时8h。涂装间隔：(23±2)℃时最短5h，最长7天。

(4)使用专用稀释剂，不得混用。

(5)建议涂装道数：1~3道，在施工中，应用便携式电动搅拌器将甲、乙组分(浆料)充分搅拌均匀，使用时应边施工边搅拌。

(6)油漆混和后在6h内用完，刷涂、喷涂、滚涂均可。

(7)为了保证底漆的防腐效果，应及时使用配套的中间漆进行封闭。

38. 导静电油漆施工时应注意哪些方面?

(1)配制方法:先将油漆彻底搅匀至桶底无沉积物,并按油漆、固化剂的配比加入专用固化剂,充分搅拌均匀熟化适当时间后使用。

(2)表面处理要求:涂装金属表面时,喷砂、抛丸除锈达到标准Sa2级,保持表面干燥,并在4h内涂装;涂装混凝土时,须在涂装前风干至水分≤10%,且将表面清理干净。

(3)使用期:配制好的油漆建议在2h左右(20℃)的时间内用完,切忌将未用完的油漆倒入漆料中。

(4)涂装厚度:高压无气喷涂、空气喷涂一道,干膜厚度70μm左右,手工刷涂时每道漆的厚度约为40μm。

(5)为使涂层平整,最好采用高压无气喷涂,在无高压无气喷涂的条件下,才选用空气喷涂,手工刷涂作为第三种涂装方式选用。

(6)稀释剂用量:若油漆确实太稠,可适当添加专用稀释剂,其用量3%～10%,且在油漆使用后立即盖严密封,以防受潮变质。

(7)最后一道面漆涂装完工后,须自然固化7天后才能投入使用,如环境温度低于10℃时,应适当延长。

39. 厚浆型防腐油漆施工要求有哪些?

(1)采用刷涂和滚涂时,需要涂覆多道,才能达到规定的干膜总厚度。一次涂覆达到最大漆膜厚度,只能选择高压无气喷涂。

(2)如对漆膜表面的外观和光泽度有要求时,可采用空气喷涂法。

(3)涂覆施工时,要注意底材温度。如果底材温度过高时,一次涂覆的漆膜厚度偏低，达不到规定的膜厚。

(4)要使用配套的稀释剂，如使用含乙醇的稀释剂，会严重影响涂层的固化机制。

(5)钢材表面温度低于5℃时，不能进行涂覆施工。涂覆后的漆膜表面要注意防水，一旦漆膜表面出现水汽或积水，漆膜会失去光泽和变色，漆膜质量降低。

40. 玻璃鳞片油漆施工要求是什么？

(1)严格按照油漆技术要求，涂刷物表面一定要做好基面处理，基面应干燥、无油污、灰尘、焊渣、毛刺等。

(2)双组分漆一定要固化剂和漆混合搅拌均匀，应随配随用，2h 内用完，否则可能会出现油漆固化，不能再继续使用。

(3)使用前应分别将甲、乙组分充分搅拌，再按规定比例调和、搅拌均匀。

(4)室外施工底材温度低于5℃时，甲、乙组分的固化反应变慢或停止，不宜施工。

(5)采用喷涂、刷涂、刮涂方法涂装。刷涂、刮涂时，应向同一方向均匀涂装，不可十字交叉往返涂刷，以防止玻璃鳞片堆集卷曲。

(6)玻璃鳞片油漆为易燃物品，施工时严禁烟火或带入火种，并穿戴好防护用品，施工环境须保持良好通风，施工时避免吸入溶剂蒸汽或漆雾、避免皮肤接触。如不慎将油漆溅在皮肤上，应立即用合适的清洗剂、肥皂、水等冲洗。溅入眼睛时要用清水充分冲洗，并立即就医。

41. 油漆成品保护有什么要求？

(1)构件涂装后应加以临时围护隔离，防止踏踩损伤涂层。

(2)钢构件涂装后，在4h 之内如遇有大风或下雨时，应加以覆盖，防止粘染尘土和水气、影响涂层的附着力。

(3)涂装后的构件需要运输时，应注意防止磕碰，不可在地面拖拉，防止涂层损坏。

(4)涂装后的构件勿接触酸类液体，防止损坏涂层。

第四章 地下防腐施工

1. 玻璃钢防腐的施工方法有哪些？

玻璃钢的施工方法主要有手糊法、模压法、缠绕法和喷射法4种。

（1）手糊法属于湿法成型：方法是边铺衬玻璃布边涂刷胶黏剂，直至要求层数，固化后即成玻璃钢制品。它的特点是工艺简单，操作方便，不受制品的形状和尺寸限制，成本底，但防腐工程上主要用于设备内部衬里和外部增强的玻璃钢施工，也常用于大型整体玻璃钢设备的施工。手糊法是目前化工防腐中最常用的一种施工方法。

（2）缠绕法：玻璃纤维或玻璃布浸胶液后，用手工或机械连续缠绕在胎膜或内衬上，经固化后即成玻璃钢制品。用干法成型或湿法成型均可。

（3）模压法属于高压成型：方法是将已干燥的浸胶液的玻璃布叠好放入压模内进行加温加压，经过一定时间后即固化成型。

（4）喷射法：其原理是利用喷枪将树脂和固化剂喷成细颗粒，并与玻璃钢纤维切割器喷射出来的短切纤维混合后喷覆在模具表面，再经滚压固化而成。

2. 玻璃钢防腐施工时有哪些注意事项？

（1）玻璃钢防腐衬里，对于转角处、门口处、预留孔、管道出入口或地漏等部位，容易形成薄弱环节，造成隐患，故应在施工时特别注意及加强处理。

(2)玻璃钢防腐施工时需要严格控制施工环境技术条件，温度应大于12℃，湿度不大于80%。

(3)玻璃钢防腐施工场地应保持通风良好，配置消防器材，禁止烟火，以保证安全。

(4)玻璃钢防腐施工场地应保持清洁，作业结束后清理残存易燃、易爆和其他杂物。

(5)玻璃钢地面养护时间≥10天，贮槽≥20天，常温固化可使用时间均为30天。

(6)用电火花检测仪检查针孔时，电压宜为3.5kV。

3. 玻璃钢防腐铺衬前的施工要求是什么?

基体表面处理方法:

(1)金属表面应进行表面处理，一般宜采用干喷砂除锈，对于小的部分可采用手工钢丝刷清理法和酸洗除锈法。

(2)金属表面除锈后，应在3~6h内涂上玻璃钢底漆，底漆要求薄而均匀，不得有漏刷、流淌或起泡等现象。

(3)混凝土在衬贴防腐层前要充分干燥，通常表面要发白，再用钢丝刷清理除垢。除垢后用丙酮清洗表面，自然干燥一天后涂底漆。

(4)如衬贴面有不平之处、麻孔、拐角等，须用玻璃钢腻子填充刮平。

(5)混凝土外壁应按设计要求设置防水层。

(6)封底层：经过处理的基层表面，应均匀的涂刷封底料，不得有漏刷、流挂等缺陷，自然固化不宜少于24h。

(7)修补层：在基层的凹陷不平处，应采用树脂胶泥修补填平，自然固化不宜少于24h，酚醛玻璃钢或呋喃玻璃钢可用环氧树脂或乙烯基脂树脂、不饱和聚酯树脂的胶泥修补刮平基层。

4. 间歇法玻璃钢防腐施工要求是什么？

(1)玻璃纤维布应剪去毛边，涤纶布应进行防收缩处理。

(2)先均匀涂刷一层铺衬胶料，随即衬上一层纤维增强材料，必须贴实不能有皱褶，赶净气泡，不能有空鼓，然后再均匀刷涂一遍胶料，不能出现流淌、露布。

(3)在常温下固化24h，对表面进行修整，胶料流淌、堆积的部位进行清理找平，玻璃纤维布皱褶、翘起、毛刺等部位应进行处理。局部缺胶料的地方应补刷。

(4)按照刷涂铺衬胶料、衬布、找平进行多层施工，直至达到设计要求的厚度或层数。最后一遍胶料涂刷后，表面漆膜饱满，不能有漏刷、露布、流淌等缺陷。

(5)玻璃纤维布应为无碱纤维布，同层玻璃纤维布搭接宽度不得小于50mm；上下两层玻璃纤维布的纵缝和横缝应错开，错开距离不得小于50mm；阴阳角处应增加1~2层玻璃纤维布。

5. 连续法玻璃钢防腐施工要求是什么？

(1)平面一次连续铺衬的层数，不应产生滑移、堆积，固化后防腐层不应起壳或脱壳。

(2)立面一次连续铺衬的层数，不应产生向下滑移、堆积，要求调兑胶料时，不应添加过多稀释剂，固化后防腐层不应起壳或脱壳。

(3)铺衬时，上下两层玻璃纤维布的纵缝和横缝应错开，错开距离不得小于50mm；阴阳角处应增加1~2层玻璃纤维布。

(4)前一次连续铺衬层固化后，再进行下一次连续铺衬层的施工。

(5)连续铺衬的层数或厚度达到设计要求后，应自然固化

24h，再进行面层的涂刷。

6. 玻璃钢防腐中玻璃布的选型有什么要求？

(1)玻璃布应选用无碱无捻粗纱方格玻璃布，玻璃布宜采用经纬密度为(10×10)根/cm^2、厚度为0.1～0.12mm、无捻、平纹、两边封边、带芯轴的玻璃布卷。

(2)玻璃布应存放在阴凉干燥处，必须保持干净，严防受潮，否则应干燥后方可使用。

(3)施工前应将玻璃布裁成所需长度备用。玻璃布料块尺寸应根据设备大小、结构、使用条件、衬贴方便因素等确定。

(4)玻璃布不宜折叠，否则会产生皱纹，贴衬时皱褶处易产生脱空。

7. 玻璃钢胶液的配料方法和注意事项有哪些？

(1)配料方法：

①先将树脂与增韧剂及固化剂混合，再加入填料，搅拌均匀后即可使用。若加入稀释剂，应在加入固化剂前与树脂混合。

②先将树脂与增韧剂和填料混合均匀，再加入固化剂，搅拌均匀即可使用。

(2)配料注意事项：

①配料应在施工现场进行，随配随用，搅拌均匀；使用期随温度变化而变动；如使用乙二胺，夏季施工应在30min内完成，冬季施工应在40min内完成。

②树脂黏度大不容易施工时，可加入适量稀释剂，但容易造成流胶，已经凝结的胶料不得再加入稀释剂。

③冬季施工时，环氧树脂黏度增加，可先加热到60℃变稀(但酚醛树脂不可加热)，按配料程序进行配料。如用乙二胺做固化剂，经预热混合的树脂，必须待其温度冷却到30～40℃以下

时，才能加入。

8. 玻璃钢手工贴衬施工方法有哪些？

手工贴衬施工方法主要有两种：一种为分层间断贴衬法，另一种为多层连续贴衬法。

(1)分层间断贴衬法：

施工过程：金属表面处理→刷底漆(1～2层)→干燥至不粘手(12～24h)→刮腻子→干燥至不粘手→涂刷第一遍胶料并即贴第一层玻璃布(赶走气泡并压实，使胶料浸透玻璃布)→自然干燥至初步固化(或热处理)后进行修整→按第一层布贴衬方法循环至所需层数→贴衬最后一层布并修整后涂面漆→自然干燥(或热处理)→质量检查。

(2)多层连续贴衬法：

它与分层间断贴衬法基本相同，不同之处是不等上一层固化即进行贴衬下一层玻璃布，此方法工作效率高但施工质量不稳定。

9. 环氧煤沥青防腐等级中每个防腐结构及厚度要求是什么？

SH/T 3548—2011 中环氧煤沥青防腐等级的结构及厚度要求见表2-4-1：

表2-4-1　环氧煤沥青防腐等级的结构及厚度

等　级	结　　构	干膜最薄点厚度/mm
普通级	底漆—面漆—玻璃布—两道面漆	≥0.4
加强级	底漆—面漆—玻璃布—面漆—玻璃布—两道面漆	≥0.6
特加强级	底漆—面漆—玻璃布—面漆—玻璃布—面漆—玻璃布—两道面漆	≥0.8

10. 环氧煤沥青防腐施工工艺要点有哪些?

(1)在施工过程中,当黏度过大不宜涂刷时,再加入稀释剂,稀释剂不得超过5%(体积分数),稀释剂过多,会形成流淌、漆膜厚度不够,增加涂漆遍数。

(2)配好的油漆需熟化15min后方可使用,常温下油漆的使用周期一般为4~6h。

(3)基层除锈等级要符合设计要求,表面处理合格后应尽快涂底漆,间隔时间不得超过4h。要求涂刷均匀,不得漏涂,每个管子两端各留裸管150mm左右,以便焊接。

(4)焊缝高出管壁超过2mm时,用面漆和滑石粉调成稠度适宜的腻子,在底漆表干后抹在焊缝两侧,并刮平成为过渡曲面,避免缠绕玻璃布时出现空鼓。

(5)底漆表干或打腻子后,即可涂刷面漆。涂刷要均匀,不得漏涂,及时缠绕玻璃布,玻璃布要拉紧,表面平整,无皱折和鼓包。压边宽度为50mm,布头搭接长度为100~150mm。玻璃布缠绕后即涂第二道面漆,要求漆量饱满,玻璃布所有网眼应灌满油漆。根据防腐等级,依次涂刷下一道面漆和缠绕玻璃布,直到达到设计要求。

(6)两层玻璃布的缠绕方向应相反,受潮的玻璃布应烘干,否则不能使用。

(7)油漆表干:用手指轻触防腐层不粘手。油漆实干:用手指推捻防腐层不移动。油漆固化:用手指甲用力刻防腐层不留划痕。

(8)防腐成品的管道,应做好成品保护,避免损伤。吊装时,使用吊装带。

11. 环氧煤沥青防腐中对玻璃布有什么要求?

采用玻璃布作防腐层加强基布时,宜选用经纬密度为

(10×10)根/cm^2、厚度为0.10～0.12mm、中碱(碱量不超过12%)、无捻、平纹、两边封边、带芯轴的玻璃布卷。埋地管道管径与玻璃布宽度要求见表2-4-2。

表2-4-2 埋地管道管径与玻璃布宽度要求

管径(*DN*)/mm	≤100	≤250	250～500	≥500
玻璃布宽度/mm	50	150	250	500

12. 环氧煤沥青防腐补口和补伤有什么要求?

(1)管道的补口，应在试压合格后进行。

(2)钢管的补口处和补伤处出现返锈时，必须进行表面处理，除锈标准St3级，刷底漆。处理范围在补口处和补伤处完好防腐层外侧延长100mm，去除表面油污、泥土等杂物。

(3)补口处防腐层的施工顺序应与管体防腐层相同。

(4)补伤处防腐层和管体防腐层的搭接应做成阶梯形接茬，其搭接长度不应小于100mm。

(5)补伤处防腐层未露铁，应先对其表面选行处理，并用砂纸打毛后再补涂面漆和贴玻璃布。

(6)环氧煤沥青防腐补口和补伤后，要进行电火花检测，耐压值符合相对应的防腐等级要求。

13. 腻子的作用是什么?怎样调制?

(1)腻子的主要作用是:

对底材较明显缺陷的修复、找平。一般喷完防锈底漆后刮涂腻子、打磨平整，喷涂中间漆后还要根据需要用腻子进行修补，保证面漆喷涂前的底面效果。对铸件等底材缺陷较大的产品涂装，也可在底材上直接刮涂稠度较大的缝灰腻子，进行缺陷的修复，再喷涂底漆等。

腻子的成分可分为填料、固结料、粘着料和水。

腻子中的填料能使腻子具有一定的稠度和填平性。

(2)调制腻子:

在调配腻子时，首先把水加入到填料中，占据填料的孔隙，减少填料的吸油量，并利于打磨。加水量以把填料润透八成为好。如水太多吸至饱和状态，再加油则油水分离，腻子不能联成一体失掉粘着力而无法使用。为避免油水分离，最后再加一点填料以吸尽多余的水分。

14. 聚乙烯胶带施工工艺要点有哪些?

(1)基层处理。

基层处理等级按设计的 St 级和 Sa 级的不同要求进行处理，同时清除钢管表面的焊渣、毛刺、油脂和污垢等附着物。

(2)刮腻子。螺旋焊接管要增加刮腻子的工序。

用滑石粉和底胶进行搅拌，制成的腻子要湿软一些，否则腻子干燥后易出现裂缝，影响聚乙烯胶带的粘接力。根据钢管表面的焊缝高度进行腻子施工，刮腻子后，焊缝两边应平滑过渡，表面光滑。否则会影响聚乙烯胶带成型后的外观。

(3)刷底胶。焊缝刮腻子后，进行底胶涂刷。

底胶应搅拌均匀。根据底胶的黏稠情况，适当加入稀释剂，保证涂刷时流畅。涂刷在钢管上的底胶应无漏涂、无气泡、凝块和流挂等缺陷，厚度应符合设计或厂家要求。

待底胶表干后，开始缠带。底胶的表干以底胶不沾手为准。

(4)聚乙烯胶带施工。

聚乙烯胶带的施工可采用机械或手动工具进行。直管段可以采用机械缠绕胶带，施工效率高，外观成型好；管件等可采用手动缠绕。

管口两端预留 150~200mm 不进行胶带施工，作为焊接预留段。

缠绕胶带时，应保持一定的拉紧力，用力要均匀，方向一致，使得胶带层紧密连接，避免胶带出现扭曲皱褶。施工时，胶带缠绕的环向压边应均匀，压边宽度不得小于2mm，胶带接头的搭接长度应不小于100mm。

当聚乙烯胶带多层施工时，前一层和后一层的缠绕方向应相反。

15. 聚乙烯胶带的选择有什么要求？

(1)胶带的厚度要求：

根据设计厚度要求，决定聚乙烯胶带的厚度选择单层还是双(或多)层；单层没有双层(或多层)的严密性和防腐效果，最好选择双(或多)层。

(2)胶带的宽度要求：

不同的管径，选用不同宽度的胶带，胶带生产厂家不同，胶带的宽度规格也不同。大口径管道选择宽度大点的胶带，口径小的管道选择宽度小一些的胶带；管件部位应选择宽度小一些的胶带，便于施工，防腐后的观感也好一些。

(3)胶带的材料要求：

胶带有内带和外带之分，内带用在底层，外带用在外层，不得混用。

(4)补口带的要求：

管道焊口部位基层处理难度大，处理的效果较差；焊口两端之前缠绕胶带破损或表面粘接力降低，所以在补口时，选用粘接力更好的补口带。补口带也有内带和外带之分。

16. 埋地管道采用聚乙烯胶带补口有什么要求？

(1)管道焊口补口前，应清理焊口上下左右的土和管底的积水，便于补口施工。

(2)管道焊口检测合格，交接给防腐有记录。

(3)焊口基层处理之前，应处理焊口两侧破损的胶带；用手砂轮处理基层表面达 St3 级，焊口两端的胶带也要用布擦净表面的灰尘及污物。

(4)焊口基层处理完，经检查合格后涂刷底胶。

(5)待底胶表干后，用补口带内带缠绕，最后缠绕外带；补口带的缠绕要超过焊口两端胶带 100mm 左右。

(6)当天气寒冷、环境温度低于5℃时，宜采用喷灯预热钢管和胶带表面，增强胶带粘结强度。

第三篇 质量控制

第一章　质量要求

1. 什么是隐蔽工程？

后面一道工序或工程会将前面一道工序或工程隐蔽，且隐蔽后再要揭示的话，则会破坏后一道工序或工程或费用较大，则前一道工序称隐蔽工程。如防腐中的基层处理。

2. 隐蔽工程验收的程序是什么？

（1）承包人自检。工程具备隐蔽条件或达到专用条款约定的中间验收部位，承包人进行自检，并在隐蔽或中间验收前48h以书面形式通知工程师验收。通知包括隐蔽验收的内容、验收时间和地点。承包人准备验收记录。

（2）共同检验。工程师接到承包人的请求验收通知后，应在通知约定的时间与承包人共同进行检查或试验。检测结果表明质量验收合格，经工程师在验收记录上签字后，承包人可进行工程隐蔽和继续施工。验收不合格，承包人应在工程师限定的时间内修改后重新验收。

3. 什么是质量控制点？

是指为了保证作业过程质量而确定的重点控制对象、关键部位或薄弱环节。

如防腐中的基层处理和漆膜设计总厚度。

4. 基层处理的质量控制点怎么控制?

按技术交底的技术和质量要求施工；基层处理后的观感比对GB/T 8923. 1—2011 中除锈等级的图片或规范要求。

5. 防腐漆膜总厚度的质量控制点怎么控制?

分别控制底漆、中间漆、面漆涂漆后的湿膜厚度，涂漆后，进行湿膜厚度检测，湿膜厚度符合设计要求；第二道漆涂漆前，要测量漆膜表干或实干厚度，使底漆、中间漆、面漆的厚度都达到设计厚度。

6. 油漆使用前对油漆检验有哪些要求?

油漆使用前，必须经过第三方检验机构复检合格，报验监理通过后使用。

检验要求：

(1)核查出厂合格证、检验报告中的各项质量技术指标是否符合相关规范和标准的要求。如单项检验项目不合格，是否有复检及处理办法等。

(2)核查油漆检验报告的检验项目是否齐全，结论是否正确。

(3)检验油漆性能是否符合设计要求或业主要求。

(4)油漆中的主要成分含量是否符合业主或采购方的要求。

7. 油漆施工前的油漆复检程序和复检项目有哪些?

(1)油漆复检程序：

业主、监理单位、油漆生产厂家、施工单位等四家共同见证取样，样品封存后，由施工单位送至业主或具有国家检验资质的检测单位，不得由油漆生产厂家送检。

(2)油漆复检的项目要求：

①施工和检验机构双方的技术协议。

②设计或施工验收规范要求。

③业主的特殊要求。

④特殊或新产品油漆的特殊成分、特殊功能。如导静电油漆的导电率的要求，变色油漆达到一定温度时，涂刷后的油漆变色。

(3)常见油漆复检项目要求见表3-1-1~表3-1-7。

表3-1-1 无机富锌底漆

检验项目	检测标准/方法	技术要求	实测结果	单项结论
在容器中状态	目测	搅拌均匀后无硬块，呈均匀状态		
不挥发物含量/%	GB/T 1725—2007	≥70		
干燥时间/h	GB/T 1728—1979 乙法	表干≤0.5		
	GB/T 1728—1979 甲法	实干≤5		
密度(20℃)/(g/cm³)	GB/T 2013—2010	1.7~2.1		
不挥发物中金属锌含量	HG/T 3668—2009	≥80		

表3-1-2 环氧磷酸锌底漆

检验项目	检测标准/方法	技术要求	实测结果	单项结论
在容器中状态	目测	搅拌均匀后无硬块，呈均匀状态		
不挥发物含量/%	GB/T1725—2007	≥60		
附着力/MPa	GB/T 5210—2006	≥5		
弯曲试验/mm	GB/T 6742—2007	≤2		
耐冲击性/cm	GB/T 1732—1993	≥50		
干燥时间/h	GB/T 1728—1979 乙法	表干≤2		
	GB/T 1728—1979 甲法	实干≤24		

表 3-1-3 环氧云铁中间漆

检验项目	检测标准/方法	技术要求	实测结果	单项结论
在容器中状态	目测	搅拌均匀后无硬块，呈均匀状态		
漆膜外观	目测	漆膜平整		
流挂性/μm	GB/T 9264—2012	≤90		
附着力/MPa	GB/T 5210—2006	≥5		
弯曲试验/mm	GB/T 6742—2007	2		
耐冲击性/cm	GB/T 1732—1993	≥40		
干燥时间/h	GB/T 1728—1979 乙法	表干≤3		
	GB/T 1728—1979 甲法	实干≤24		

表 3-1-4 聚氨酯面漆

检验项目	检测标准/方法	技术要求	实测结果	单项结论
漆膜外观颜色	目测	色调均匀一致，漆膜平整		
柔韧性/mm	GB/T 1731—1993	≤1		
附着力/级	GB/T 1720—1979	1		
耐冲击性/cm	GB/T 1732—1993	≥50		
表面电阻/Ω	GB 50393—2017	≥10		

续表

检验项目	检测标准/方法	技术要求	实测结果	单项结论
耐老化性(1000h)	GB/T 1865—2009	不剥落，不开裂，不起泡，不生锈，允许1级粉化，2级变色和2级失光		
太阳光反射比	HG/T 4341—2012	≥0.7		
半球发射率	HG/T 4341—2012	≥0.85		
导热系数/[W/(℃·K)]	GB/T 10294—2008	≤0.25		
干燥时间/h	GB/T 1728—1979	表干≤2		
		实干≤24		

表3-1-5 有机硅耐热漆(400℃)

检验项目	检测标准/方法	技术要求	实测结果	单项结论
不挥发分含量/%	GB/T 1725—2007	≥45		
漆膜外观	目测	表面平整		
附着力/MPa	GB/T 5210—2006	≥3		
弯曲试验/mm	GB/T 6742—2007	≤2		
耐热性试验(400℃±5℃，3h)	GB/T 1735—2009	不起泡，不脱落		
干燥时间/h	GB/T 1728—1979 乙法	表干≤2		
	GB/T 1728—1979 甲法	实干≤24		

表3-1-6 环氧酚醛高温漆

检验项目	检测标准/方法	技术要求	实测结果	单项结论
不挥发分含量/%	GB/T 1725—2007	≥45		
漆膜外观	目测	表面平整		

续表

检验项目	检测标准/方法	技术要求	实测结果	单项结论
附着力/MPa	GB/T 5210—2006	≥5		
弯曲试验/mm	GB/T 6742—2007	≤2		
耐冲击性/cm	GB/T 1732—1993	≥50		
干燥时间/h	GB/T 1728—1979 乙法	表干≤2		
	GB/T 1728—1979 甲法	实干≤24		

表 3-1-7 环氧稀释剂

检验项目	检测标准/方法	技术要求	实测结果	单项结论
外观	目测	无色透明液体，无杂质		
颜色(铂—钴色号)	GB/T 3555—1992	≤5		
密度(20℃)/(g/cm³)	GB/T 2013—2010	0.86～0.89		
初馏点/℃	GB/T 6536—2010	≥110		
终馏点/℃	GB/T 6536—2010	≤142		
水分/%	GB/T 260—2010	≤0.1		

8. 油漆材料接收时应注意事项有哪些？

(1)同一生产厂供应的底漆、中间漆、面漆、固化剂和稀释剂等配套材料集中存放。不同厂家的隔开存放，不能混放。

(2)油漆包装应有包括厂名、生产日期、存放期限等内容完整的商品标志，产品使用说明书及质量合格证齐全，否则应拒收。

(3)油漆说明书内容应包括油漆技术指标、各组分的配合比例、漆料配制后的使用期、涂敷使用方法、参考用量、运输及储存过程的注意事项等。

(4)油漆应按规范规定的取样数目进行复检。复检取样时，业主或监理、厂家代表、施工单位等共同参与。复检合格的发放使用，复检不合格的不能发放，并做好标记。

(5)油漆储存期一般为1年，应按产品说明书所要求的条件储存，并在储存期内使用。

9. 基层表面处理后的检验有什么要求？

(1)金属表面除锈后的检验，采用规范文字描述比对法和参照样板照片。

(2)对于喷砂或抛丸后金属表面的粗糙度，使用粗糙度仪进行检测。

(3)金属表面的洁净度，可采用手指触摸检查。

10. 不需要涂漆的部位有哪些？

以下基层表面，除设计要求外不需要涂漆：

(1)不锈钢表面。

(2)镀锌表面。

(3)有色金属表面。

(4)已精加工的表面。

(5)塑料或涂变色漆的表面。

(6)铭牌/标志板或标签。

11. 油漆涂层外观质量检验有哪些要求？

SH/T3548—2011《石油化工涂料防腐蚀工程施工质量验收规范》中油漆涂层表面质量检查要求应符合表3-1-8规定：

表3-1-8 油漆涂层表面质量检查要求

检查项目	质量要求	检查方法
脱皮、漏涂、返锈、气泡、透底	不允许	目视检测
针孔	不允许	5～10倍放大镜
流挂、皱皮	不允许	目视检测

续表

检　查　项　目	质　量　要　求	检　查　方　法
光亮与光滑	光亮、均匀一致	目视检测
分色界限	允许偏差为 ±3mm	目视检测
颜色、刷纹	颜色一致，纹理通顺	目视检测
干漆膜厚度	执行两个 80% 原则	涂层测厚仪

12. 油漆涂层厚度检测方法是什么?

油漆涂层厚度检测有两种方法：分为破坏性的测试和非破坏性测试。破坏性测试是对漆膜进行划刻，非破坏性测试不会对漆膜造成伤害，如采用涂层测厚仪。

涂层测厚仪分为磁性拉伸式测厚仪和电子测厚仪。磁性拉伸式测厚仪简单易用，允许误差在 ±5% 以内。电子测厚仪允许误差在 ±3% 以内。

检测方法(见 SH/T 3548—2011)：

随机选取一个检测区域，10 cm × 10 cm作为一个检测点。在这个区域内任意测量 5 个数据，如 5 个数据分别为 65μm、45μm、60μm、80μm、64μm，去掉最大值 80μm，去掉最小值 45μm，另外三个数值的平均值为 63μm，即 63μm 为该检测点的涂层厚度。

13. 油漆干膜厚度检测执行两个 80% 的原则是什么?

按 SH/T 3548—2011 规定，油漆漆膜厚度检测时执行的两个 80% 的原则，也称“80—20 原则”。

所测漆膜厚度点数中总量 80% 的测量值不得低于规定干膜厚度的要求，剩余 20% 未达到漆膜厚度要求的，不得低于规定漆膜厚度的 80% 。比如钢结构油漆干膜总厚度 ≥250μm，测量值中 80% 的数值要达到 250μm 及以上，其余 20% 的测量值不得低于规定干膜的 80% ，即 200μm 以上。

14. 油漆漆膜厚度的检查数量有什么规定?

按 SH/T 3548—2011 规定，涂层厚度的检测点应随机抽查，每个检测点面积宜为 $100cm^2$，该检测点面积范围内任意测量 5 个数据，测量结果去除 1 个最大值和 1 个最小值后取平均值作为该测点的厚度值。

(1)设备应逐台进行，每台抽测 3 点。

(2)管道应按管道总延长米进行，每 300m 抽查 3 点(不足 300m 时，按 300m 计)。

(3)每种类别钢结构涂层厚度的检查按构件数抽查 10%，且不少于 3 件，每个构件抽测 5 点。

施工自检时，应扩大检测数量。设备逐台，钢结构逐件，管道逐根检测并做好检测记录。

15. 埋地设备/管道防腐涂层的质量应检查哪些内容?

按 SH/T 3548—2011 规定:

(1)感观检查:

应对防腐后管道逐根检查，要求防腐层表面平整，无气泡、流挂、漏涂、针孔等缺陷。

(2)厚度检查:

①设备检查应逐台进行，每台检测抽测 3 点，其中 2 点以上不合格时即为不合格；如其中 1 点不合格，再抽查 2 点，如仍有 1 点不合格时，则全部为不合格。

②管道每 20 根抽查 1 根，且至少抽查 1 根，每根测 3 个相隔一定距离的截面。在每截面测上、左、右三点。其中有 1 点不合格时，再抽查 2 根，如仍有不合格时，应逐根检查。

厚度检查，要以防腐层等级规定的厚度为标准，用防腐层测厚仪进行检测。

(3)电火花检查：

①设备应逐台进行100%电火花检测。

②输送有毒、可燃性介质的管道应进行100%电火花检测。

③输送无毒、非可燃介质的给排水及消防等管道，应每20根管子抽查1根，且至少抽查1根；检查应从一端测至另一端，若不合格再抽查2根，其中仍有1根不合格，则应逐根检查。

(4)粘接力和附着力检测：

①设备每台检测1处，若不合格再抽查2处，如仍有1处不合格时为不合格。

②管道每20根抽查1根，且至少抽查1根，每根测1处，若不合格再抽查2根，如仍有1根不合格时，则应对全部管道逐根检查。

粘附力检查应在防腐层固化后(一般需7天)，用小刀割开舌形切口，用力撕切口的防腐层，不易撕开，破坏处管面仍为漆膜所覆盖而不露铁为合格。

③补口、补伤应不低于原防腐等级要求。经补口、补伤的防腐蚀涂层应进行100%感观检查和电火花检测。

16. 埋地设备或管道防腐电火花检测的合格标准是什么？

按SH/T 3548—2011规定：

检测方法：用电火花检测仪检测，铜刷扫管道防腐层表面时不产生火花为标准。防腐等级与检漏电压的要求见表3-1-9：

表3-1-9　防腐等级与检漏电压的要求

防腐蚀等级	石油沥青防腐蚀结构	环氧煤沥青防腐蚀结构	改性厚浆型环氧油漆
普通级	16～18kV	2kV	2kV
加强级	22kV	3kV	2.5kV
特加强级	26kV	5kV	3kV

17. 石油沥青防腐层和环氧煤沥青防腐层粘接力检测方法有哪些？

按 SH/T 3548—2011 规定：

检测方法：V 形切口法和舌形切口法。

（1）石油沥青防腐层 V 形切口法：

①在防腐蚀涂层上，切一夹角为 45°～60°、边长为 40～50㎜的 V 形切口作为检测口。

②从切口角尖端处撕开防腐蚀涂层，撕开面积为 30～50cm^2。

（2）环氧煤沥青防腐层采用舌形切口法：

①普通级防腐层用锋利刀刃垂直划透防腐层，形成边长约 40mm、夹角约 45°的 V 形切口，用刀尖从切割线交点挑剥切口内的防腐蚀涂层。

②加强级和特加强级防腐层用锋利刀刃垂直划透防腐层，形成边长约 100mm、夹角约 45°～60°的切口，从切口尖端撕开玻璃布。

18. 环氧煤沥青防腐层粘接力质量合格标准是什么？

按 SH/T 3548—2011 规定，环氧煤沥青普通级防腐符合下列条件之一认为防腐层粘结力合格：

（1）实干后只能在刀尖作用处被局部挑起，其他部位的防腐层仍和钢管粘结良好，不出现成片挑起或层间剥离的情况。

（2）固化后很难将防腐层挑起，挑起处的防腐层呈脆性点状断裂，不出现成片挑起或层间剥离的情况。

环氧煤沥青加强级和特加强级防腐符合下列条件之一认为防腐层粘结力合格：

（1）实干后的防腐层，撕开面积 50cm^2，撕开处应不露铁，底漆与面漆普遍粘结。

(2)固化后的防腐层，只能撕裂，且破坏处不露铁，底漆与面漆普遍粘结。

19. 玻璃钢防腐的检验项目是什么?

(1)外观检查：

①气泡：耐腐蚀层表面允许最大气泡直径为5mm，每平方米直径不大于5mm的气泡少于3个，可不予修补，否则应将气泡划破修补。

②裂纹：耐腐蚀层表面不得有深度0.5mm以上的裂纹，增强层表面不得有深度为2mm以上的裂纹。

③凹凸或皱纹：耐腐蚀层表面应光滑平整，增强层的凹凸部分厚度不大于总厚度的20%。

④返白：耐腐蚀层表面不应有返白处，增强层返白区最大直径不得超过50mm。

⑤其他：玻璃钢衬里层之间的粘接，衬里设备与基体的结合应牢固，无分层脱层、纤维裸露、树脂结节、异物夹杂、色泽明显不均等现象。

⑥制品表面不允许存在缺陷，及时修补，同一部位的修补次数不得超过两次。大面积出现气泡或分层时，应把缺陷部位全部铲除，露出基层，重新进行表面处理后再重新施工。

(2)固化度检查：用手触摸玻璃钢表面是否发粘，用棉花蘸丙酮擦玻璃钢表面，观察颜色或用棉花球放在玻璃钢表面上能否吹掉，如手感发粘，棉花变色或棉花球吹不动，则表面固化不合格。

(3)硬度检查：在已固化的玻璃钢试件上用巴氏硬度计测出数值。

(4)玻璃钢衬里微孔检查：玻璃钢衬里可采用电火花检测仪进行抽样检查。根据不同膜厚确定测试电压。

20. 玻璃钢防腐质量自检的内容有哪些?

(1)玻璃钢衬里施工时，必须随时对各个工序的质量进行仔细检查，检查合格后方可进行下一步工序。

(2)在固化后应全面检查一次。

(3)检查时可拿铁丝或小锤轻敲，检查是否有气泡、脱层等现象。如声音清脆，说明良好；如发出“壳壳”声，说明有鼓泡或脱层现象。钢制设备衬贴后应用电火花检测衬帖质量。

(4)如发现缺损，应进行补修；小于5mm的气泡，若每平米不到3个，可不作补修，否则必须将气泡划破，加补几层玻璃布。如存在大面积鼓泡或脱层时，应将气泡全部铲去，露出底层，将该处及其周围打毛，重新贴衬玻璃布。

(5)贴衬玻璃钢的质量要求：

①无气泡、脱层及鼓气等不良现象，表面胶料应无流淌现象。

②玻璃布应充分浸透胶料，含胶量均匀，不得出现白点、白面，整个玻璃钢表面呈胶料的颜色。

③不得出现不固化和固化不完全现象，否则必须返工。

21 聚乙烯胶带的质量要求有哪些?

(1)外观的检查：缠绕后的聚乙烯胶带，应表面平整、压边均匀、没有永久性气泡、褶皱及破损。防腐管的预留段长度一定要符合规定要求。

(2)厚度的检查：厚度的检查可以使用无损厚度测量仪来进行检测，利用抽样检查的方式随机抽取多根管子随机抽查两三处，而且每处都沿着圆周均匀分布测量四点，如果不合格就再抽查，如果在两根中再出现一根不合格则就判定为不合格。

(3)使用电火花检漏仪对防腐管进行逐根连续漏电检查，以无漏点情况为合格。

(4)剥离强度检测：沿管圆周方向用刀划开宽10mm，长度大于100mm的防腐涂层，应该彻底划直到管体。撬起一端，夹住这一端，并用弹簧称拉起和管壁形成90°角，打开率不大于300mm/min。

第二章 质量通病与防治

1. 除锈施工的质量通病及预防措施有哪些?

质量通病:

(1)漏除锈。

(2)除锈效果达不到设计要求或规范要求。

(3)边角部位处理不到位

预防措施:

(1)加强作业人员的责任心,做好自检和互检。

(2)作业前需进行技术交底,明确技术和质量要求。

(3)上道工序施工不合格,不能进行下一道工序施工。

(4)质检员做好巡检和抽检。

2. 涂漆后出现返锈现象的原因与预防措施有哪些?

返锈现象:金属表面涂漆以后,漆膜表面逐渐产生黄红色锈斑,并逐渐破裂。

返锈原因分析:金属表面有铁锈、酸液、盐水、水分等,涂漆前没有清除彻底,导致生锈;在涂刷过程中,漆皮有针孔等弊病或有漏涂的空白点;漆膜过薄,水或腐蚀性气体透过漆膜浸入涂层内部的金属表面,产生针蚀而逐渐扩大锈蚀面积。

返锈预防措施:涂漆前必须彻底清除金属表面的泥土、水分等杂物。特别是金属表面的锈蚀必须清除干净,露出金属光泽。

金属表面清理干净后应尽快涂上底漆，防止再生锈；金属表面涂刷普通防锈底漆时，漆膜要略厚一点；金属表面进行涂漆时要均匀，预防漏刷或出现针孔。

3. 油漆出现漏刷现象的原因与预防措施有哪些？

漏刷现象：金属涂漆后有的部位漏刷，特别是在高处或边角等部位不便操作的地方，这种缺陷主要是由人为因素造成的。

漏刷原因分析：由于不便操作（如高处或边角等部位）往往只刷了容易施工的部位，高处或边角等部位不易刷到，造成漏刷；有些金属部件安装后无法再补刷，如管子穿墙处、在设备内部的管道等。

漏刷预防措施：涂刷施工应遵循先难后易的原则，不容易施工的部位先涂刷，这样可以避免遗漏。同时可以两人配合施工，相互检查，预防漏刷。

4. 漆膜出现流坠现象的原因与预防措施有哪些？

流坠现象：刷漆时，管道、设备或构件立面漆料容易产生流淌，用手摸明显感到流坠处漆膜过厚。

流坠原因分析：

（1）油漆配制中加入的稀释剂过多，降低了油漆正常的黏度，聚合与氧化作用未完成前，由于漆的自重造成流坠。

（2）施工环境温度过低，湿度过大，漆质干燥较慢，易形成流坠。

（3）选用的油刷太大，刷毛太长、太软，不易操作。

（4）操作不当或涂刷时蘸漆太多，造成漆膜厚薄不一，较厚处易产生流坠。

（5）金属表面清理不彻底，有油、水等污物，刷漆后不能很好地粘结在表面，造成流坠。

流坠预防措施：

(1)选用优质的漆料和适当比例的稀释剂，涂漆时要均匀操作。

(2)涂漆时环境温度要适当，一般以温度为15～25℃、相对湿度低于75%为宜。

(3)选择适当的油漆刷。

(4)刷毛不宜过长，且要有弹性、耐用、根粗、梢细、鬃厚、口齐。

(5)涂刷时蘸漆不宜过多，涂膜不宜过厚，一般漆层应保持50～70μm。

(6)涂漆前要彻底清除金属表面的油、水等杂物。

5. 漆膜出现起泡现象的原因与预防措施有哪些？

起泡现象：涂层干燥后，表面出现大小不一的突起气泡(见图3-2-1)，用手压有弹性感。气泡是漆膜与金属表面或面漆与底漆之间发生的，气泡外膜很容易成片脱落。

起泡原因分析：

(1)金属表面没处理好，凹陷处积聚潮气或铁锈，造成漆膜附着不良而产生气泡。

(2)刷漆时，底漆没有干透，刷面漆又遇到雨水或潮湿天气，底漆干燥时，产生气体将面漆漆膜凸起。

(3)漆的黏度偏大，涂刷时夹带有空气进入涂层，不能与溶剂同时挥发而产生气泡。

起泡预防措施：

涂漆前必须将被金属表面清理干净，当金属表面有潮气或底漆上有水时，必须将水拭干，潮气散干后再涂漆；油漆黏度不宜太大，一次涂漆不宜过厚。

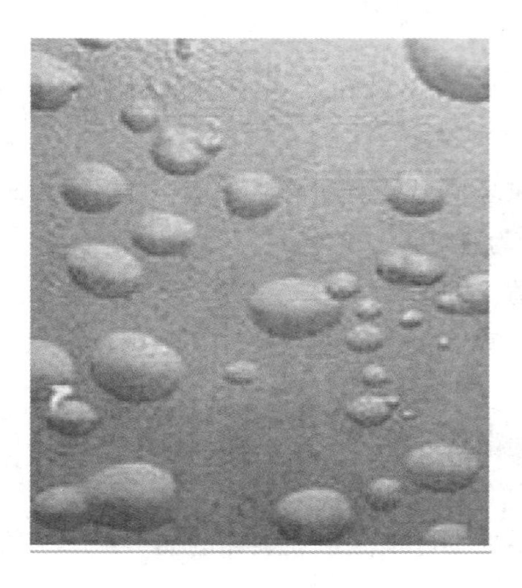

图 3-2-1　漆膜中的气泡

6. 漆膜出现起皱现象的原因与预防措施有哪些？

漆膜起皱（见图 3-2-2）现象：漆膜呈现多少有规律的小波幅波纹形式的皱纹，它可深及部分或全部膜厚。

漆膜起皱原因：

（1）大量使用桐油制得的涂料易发生起皱现象。

（2）涂料中催干剂使用比例失调，钴催干剂过多。

（3）骤然高温加热烘烤干燥，自干漆烘烤温度太高。

（4）漆膜过厚，超出常规。

（5）浸漆后施工物体，常常发生“肥厚的边缘”也易产生起皱。

（6）易挥发的有机溶剂比挥发较慢的有机溶剂涂层更易起皱。

预防措施：

（1）制造含有桐油的漆时，适当地控制桐油的使用量。

（2）调整各种催干剂的比例，补加其余催干剂。

（3）涂料的组分中增加树脂的含量。

(4)严格控制涂层厚薄。

(5)烘干型漆放 20 ~ 30min 进烘箱，或补加锌催干剂，也可采用加防止起皱剂。

图 3-2-2 起皱的漆膜

7. 漆膜出现失光现象的原因与预防措施有哪些?

失光现象：漆膜的光泽因气候环境等因素的影响而降低的现象。

失光原因：

(1)涂料中溶剂质量不良，低沸点溶剂多，挥发太快。

(2)稀料及催干剂过多，导致漆膜表面干燥太快而引起失光。

(3)不同类型油漆互混等。

(4)施工黏度太大。

(5)湿度太大，大于 80%，挥发性漆吸收水分发白而失光。

(6)施工底层不平整光滑。

失光预防措施：

(1)加部分清漆以提高光泽。

(2)用同类型油漆调制。

(3)掌握和摸索一整套施工黏度。

8. 漆膜出现发白现象的原因与预防措施有哪些?

发白现象：有光油漆干燥过程中，漆膜上有时呈现乳白色的现象。容易产生发白的油漆有硝基漆、过氯乙烯漆、磷化底漆及其他挥发型干燥油漆。

发白原因:

(1)空气湿度太大在(80%以上)，或在干燥过程中由于溶剂挥发涂膜表面温度下降，使表面局部空气温度降至“露点”以下，此时空气中的水分凝结渗入涂层中产生乳化，表面变成半透明白色膜，待水最后蒸发，空隙就被空气取代成为一层有孔无光的涂层，因此降低了漆膜的装饰性和机械性能。

(2)油漆中的有机溶剂沸点低，而且挥发速度快。

(3)被涂物表面温度太低。

(4)被涂物或稀释用的溶剂中含水。

(5)在施工时由于净化压缩空气用的油水分离器失效，水分进入漆中造成变白。

(6)溶剂和稀释剂的配比不恰当，当部分溶剂迅速挥发，剩余溶剂对树脂溶解能力不足，造成树脂在涂层中析出变白。

发白预防措施:

(1)合理地选用有机溶剂和稀释剂，防止涂层中树脂析出。选用高沸点挥发速度慢的有机溶剂，如丁醇、醋酸丁酯、二丙酮醇、醋酸戊酯、环己酮等。

(2)在涂漆前，先将被涂物加热，使其温度比环境温度高出10℃，或在喷涂后立即将物件送进温热的烘箱中干燥。

(3)涂装场地的环境温度最好在15~25℃，相对湿度不大于80%。

(4)使用的有机溶剂和压缩空气应检查是否纯净应无水分。

(5)加防潮剂。

9. 漆膜出现针孔现象的原因与预防措施有哪些?

针孔现象(见图3-2-3):一种在漆膜中存在着类似于针刺成的细孔的状态。

针孔产生原因:

(1)清漆的精制不良。

(2)溶剂的选择和混合比例不适当。

(3)颜料的分散不良。

(4)添加助剂的选择和混合比例不适当。

(5)涂料表面的张力过高。

(6)涂料的流动性不良,展平性差。

(7)涂料的释放气泡性差。

(8)贮藏温度过低,使漆基的互溶性和溶解性变差,黏度上升或向局部析出,易引起颗粒及针孔。

涂装方面:

(1)被涂物面上残留有水、油或其他不纯物,清除得不仔细。

(2)溶剂挥发速度快,且其添加量较其他溶剂多。

(3)涂料的黏度高,且溶解性差。

(4)长时间激烈搅拌,在涂料中混入空气,生成无数气泡。

(5)湿漆膜升温速度过快,晾干不充分。

(6)被涂物是热的。

(7)湿漆膜或干漆膜过厚。

(8)施工不妥,腻子层不光滑。

涂装环境方面:

(1)空气流通快且温度高,湿漆膜干燥得过早(指表干)。

(2)温度高，喷涂设备油水分离失灵，空气未过滤。

预防措施：

防止在干燥漆膜面产生针孔的有效方法是消除上述原因。在实际生产中，严格控制涂料黏度，降低黏度和采用挥发较慢的溶剂稀释涂料较好。

易产生针孔的涂料有：双组分聚氨酯、环氧漆、氨基改性丙烯酸树脂涂料、醇酸漆、不饱和聚酯沥青漆、含颜料少的色漆(如黑色漆)。

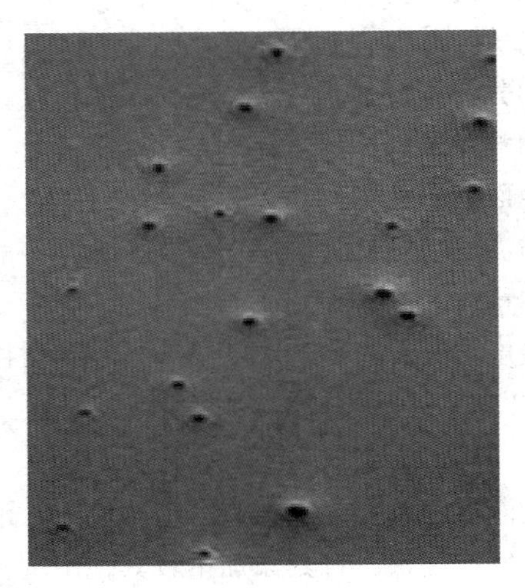

图 3-2-3　漆膜中的针孔

10. 漆膜出现咬底现象的原因与预防措施有哪些?

咬底现象(见图3-2-4)：在干漆膜上施涂其同种或不同种涂料时，在涂层施涂或干燥期间使其下的干膜发生软化、隆起或从底材上脱离的现象(通常的外观如起皱)。

咬底原因：

(1)涂层未干透就涂下一道漆。

(2)面漆溶剂能溶胀底漆。

(3)涂得过厚。

预防措施:

(1)底涂层应干透，再涂面漆。

(2)正确选择涂料品种，特别注意底面漆的配套。

(3)从施工而言，第一道涂薄，第二道涂厚。

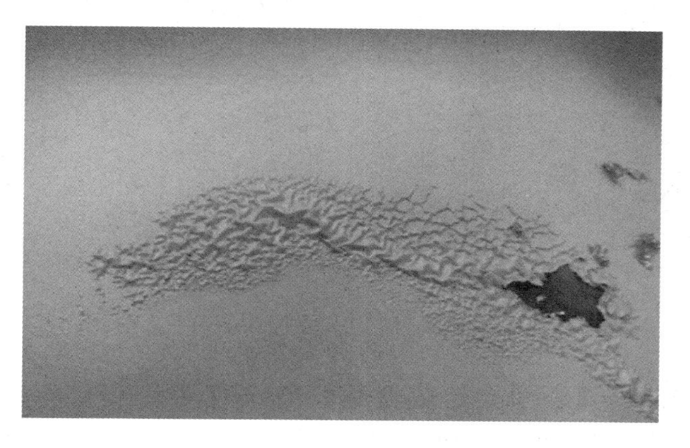

图3-2-4 漆膜出现咬底

11. 漆膜表面的桔皮产生的原因有哪些?

桔皮现象(见图3-2-5)是指漆膜呈现桔皮状外观的表面状态。

(1)溶剂挥发过快。

(2)油漆本身的流平性差，油漆的黏度大。

(3)喷涂的压力不足，雾化不良。

(4)喷涂距离不适当，如太远，喷枪运行速度快。

(5)喷漆时环境风速太大。

(6)气温太高，或过早进入烘烤箱烘干。

(7)被涂物的温度高。

(8)被涂面不平滑，影响油漆的流平或对油漆的吸收。

(9)油漆本身与固化剂或稀释剂混溶性不好，也会产生桔皮现象。

图3-2-5 漆膜的桔皮现象

12. 漆膜表面的桔皮处理的方法有哪些?

易产生桔皮现象的油漆有硝基漆、醇酸漆、氨基漆、丙烯酸漆等。处理方法如下：

(1)选用适当的溶剂，或添加部分挥发较慢的高沸点有机溶剂，调整溶剂挥发度，延长漆膜表干时间。

(2)通过试验选用较低的施工黏度。

(3)喷涂距离选择适当，减小喷漆风速。小枪：150～250mm，大枪：250～350mm。

(4)气温不得高于30℃，并且延长表干时间。

(5)被涂物的温度应冷却到40℃以下，油漆温度和喷漆环境气温应在15～30℃左右。

(6)被涂面应充分地打磨，使其平整光滑。

(7)添加适当的流平剂。

13. 漆膜表面有脱落产生的原因及预防的方法有哪些?

脱落问题：漆膜表面出现鳞片状脱落。这些脱落的漆片易碎，其边缘呈上卷状脱离基底表面。机械面漆层与其下层表面失去结合力。

脱落原因：

(1)表面受到蜡、油脂、硅酮、油、脱模剂、水、铁锈或肥皂水等的污染。

(2)基底表面有油污等杂质未使用金属表面处理剂，或者所使用的金属处理剂型号不对。

(3)超过复涂时间间隔，涂层间表面结合力不够。

(4)喷漆时，基底表面温度太高或太低。

(5)喷涂底漆的方法不当，底漆未充分干燥。

(6)油漆的黏度不适当，所使用的稀料型号不对或质量太差，压缩空气的压力太高。

(7)漆膜太厚。

(8)相邻两层漆膜之间存在内应力。

脱落预防方法：

(1)要清除干净准备喷涂的基底表面。

(2)使用匹配的金属表面处理剂，基底表面处理好 30min 内开始喷漆，以防基底表面生锈。

(3)超过复涂时间间隔时，喷涂前要对基底表面进行打磨处理，并且要注意将所有磨屑全部清除干净。

(4)喷涂和干燥过程中，要保证底漆充分固化后才可继续喷涂面漆。

14. 什么是漆膜不干或慢干？形成原因和预防方法有哪些？

漆膜不干或慢干：漆膜经过一段时间后仍未干，不硬化。

不干或慢干问题原因：

(1)被涂面含有水分。

(2)固化剂加入量太少或未加固化剂。

(3)使用含水、含醇高的稀释剂。

(4)温度过低，湿度太大，未达干燥条件。

(5)一次涂膜过厚，或层间间隔时间短。

不干或慢干预防方法：

(1)待水分完全干后再喷涂。

(2)按比例加固化剂调漆。

(3)使用厂家提供的配套稀释剂。

(4)在正常室温内喷涂。

(5)两次或多次施工，延长层与层之间施工时间，涂面若无法干燥，则应将涂层铲去或用布沾溶剂清洗掉。

15. 漆膜表面产生发花的原因及预防措施有哪些？

漆膜发花：在含有混合颜料的漆膜中，由于颜料分离产生与整体色不一致的斑点和条纹模样，使色相杂乱。

漆膜发花原因：

(1)油漆中颜料分散不良。

(2)油漆中加有相对密度相差很大的颜料，又未使用助剂。

(3)采用两种或两种以上不同类型的油漆调配，或用两种油漆调配搅拌不均匀。

(4)稀释剂溶解力不足。

(5)涂装时附近有能与颜料起作用的氨、二氧化硫的发生源。

(6)涂刷时，涂深色漆后，未将漆刷清洗干净又涂浅色漆。

漆膜发花预防措施：

(1)重新选择油漆。

(2)从低温到高温逐渐加温。

(3)油漆喷涂前必须搅拌均匀。

(4)湿度大于85%时停止施工。

(5)适量加入稀释剂，每次喷得不要过厚。

银粉漆和有机硅耐高温漆等，都容易出现漆膜发花现象。

16. 聚乙烯胶带的施工质量通病及预防措施有哪些?

(1)聚乙烯胶带表面起泡

原因：管道表面潮湿，缠绕拉力不均匀，管道表面温度低胶带粘接力降低，没有涂底胶或底胶涂刷不均匀。

预防措施：

胶带缠绕前，保证管道表面干燥，没有湿气或不洁；

尽量采用机械缠绕，保持胶带缠绕拉力均匀；

当外界温度低时，胶带缠绕前应进行预热处理，保证胶带的柔软度和延展性；

底胶涂刷要均匀，螺旋焊缝要用腻子处理；

胶带施工完毕后，及时进行管道安装施工，否则用遮阳网遮盖。

(2)胶带之间的搭接不均，胶带边缘起褶

原因：施工人员的熟练程度不够，机械缠绕的速度过快，缠绕器调整的方向不好。

预防措施：

做好施工前的技术交底，胶带的缠绕由熟练工人操作；

降低缠绕机械的速度，达到人和机械相互配合；

胶带开始缠绕时，应调整好胶带的斜度和缠绕器的方向。

第四篇　安全知识

第一章 专业安全

1. 油漆作业时，应穿戴哪些个人防护用品？

(1)刷漆施工时，戴口罩和手套，特殊情况下，戴橡胶或塑料手套，避免油漆对皮肤的刺激和伤害；不能穿短袖衣服。

(2)密闭空间作业时，除做好通风和照明外，所穿的衣服或工作服应不产生静电，佩戴具有过滤性能的防毒面具，必要时戴呼吸器。

(3)对于刺激性的油漆等，应戴护目镜，佩戴具有过滤性能的口罩，戴橡胶或塑料手套。

(4)使用电动工具除锈时，应戴好护目镜。

(5)喷砂作业，应穿喷砂衣或喷砂头盔(见图4-1-1、图4-1-2)；必要时要戴耳塞减少噪音对人体的伤害。

2. 油漆的储存有什么要求？

(1)油漆搬运要轻装、轻卸。保持包装容器的完好和密封，切勿将油桶任意扔。

(2)油漆不要露天堆放，应存放在干燥、阴凉、通风、隔热、无阳光直射、附近无直接火源的库房内。温度最好保持在5～32℃之间。

图 4-1-1　喷砂衣

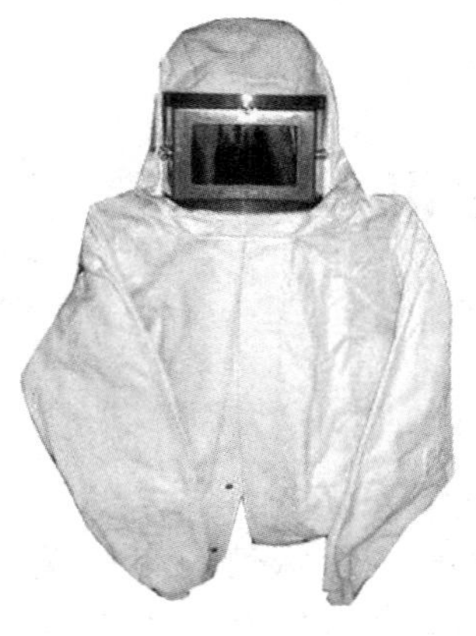

图 4-1-2　喷砂头盔

(3)漆桶宜放置在木架上，放在地面时，应垫高 100mm 以上，以利通风。

(4)库房内及近库房处应无火源，并备有必要的消防设施。

(5)油漆存放前应分类登记，填上厂名、出厂日期、批号、进库日期。严格按照先生产先使用的发料原则，对多组分的油漆必须按原有的规格、数量配套存放，不可弄乱。对易燃、有毒物品应贴有标记和中毒后的解救方法。

(6)对超过贮存期限的油漆应进行复验，检验合格的方能继续使用。

(7)对易沉淀的色漆、防锈漆，应每隔一段时间将漆桶倒置一次，对已配制好的油漆应注明名称、用途、颜色等，以免拿错。

3. 密闭空间油漆作业要注意哪些安全事项?

(1)油漆作业前，要对所有作业人员进行安全交底，制定安全措施。

(2)至少设置一条安全逃生通道，进行一次演练，出现问题时，作业人员有序的撤退，不至于造成慌乱。

(3)密闭空间油漆作业，必须办理密闭空间作业票，有专职监护人。

(4)施工作业中，要保持良好通风，保持空气新鲜；安置排风设施、油气较多时应使用防爆型排风设施；定时进行易爆气体的检测。

(5)照明设施完善，照明设备应有防爆措施。

(6)作业人员必须穿防静电的服装。按规定戴防护口罩，防护眼镜或专门防护面罩。

(7)作业人员禁带火种，严禁明火与吸烟；密闭空间内严禁动火作业。

(8)作业人员不能安排过多，作业人员的分布不能过于集中，要分散。

(9)油漆的调兑必须在密闭空间外部进行，油漆的调兑应减少稀释剂的用量。

(10)密闭空间内不能存放过多的油漆，不用的空油漆桶、稀释剂桶、废弃的滚筒和油刷及抹布要及时清理出密闭空间，避免其挥发有毒易燃气体。如果是大量涂漆，应定时进行可燃气体和氧含量的测试。

4. 喷涂作业时，应注意哪些安全事项?

(1)预防溶剂中毒：作业人员要戴好口罩或防毒面具。加强涂装作业场地的自然通风；在容器内作业，必须采取有效通风措施。对于长期从事喷涂作业的操作人员，必须定期检查身体，以便及时治疗。

(2)严禁在运转的设备上刷漆或喷漆。操作时，必须戴好口罩或面具。

(3)如有高空作业的，要系好安全带，且挂至上方牢固处。

5. 涂装作业时，防火防爆安全注意事项有哪些？

(1)生产和施工场地严禁吸烟，不准携带火柴、打火机和其他火种进入工作场地。涂装作业中，擦拭油漆和被有机溶剂污染的废物，布、棉纱、防护服等应集中并妥善存放，特别是一些废弃物要存放在储有清水的密闭桶中，不能放置在灼热物体附近，避免引起火灾。在油漆作业场所10m以内，不准进行电焊、切割等明火作业。带电设备和配电箱周围1m以内，不准喷漆作业。

(2)各种电气设备，如照明灯、电动除锈工具、电气开关等，都应有防爆装置。要定期检查电路及设备绝缘有无破损，电源盘漏电保护器是否正常，电动机有无超载，电气设备是否可靠接地等。

(3)涂装作业过程中，尽量避免敲打、碰撞、冲击、摩擦铁器等动作，以免产生火花引起燃烧。严禁穿有铁钉皮鞋的人员进入工作现场，不用铁棒启封金属漆桶等。

(4)涂装作业场所必须具备足够数量的灭火器具及其他防火工具，施工人员应熟练使用各种灭火器材。

(5)施工场地应做到工完料净场地清。

6. 油漆库房内安全注意事项有哪些？

(1)油漆库房应设置专职负责人，负责库房的管理和防火，定期检查消防器材的有效期。

(2)油漆库房应使用不燃材料搭设，库房内严禁烟火，油漆库必须具备足够数量的灭火器材。操作者应熟悉灭火器材的位置和使用方法。库房或仓库外设置安全警示标志，仓库内设置安全标示、安全技术说明书和安全防火设施，如设置“严禁烟火”标志。

(3)各种油漆、腻子、稀释剂等化学物品和汽油易燃物品，应分开存放，密封保存。要有专人负责，妥善保管，放在阴凉的地方，并明确标识。

（4）特殊的油漆、稀释剂、固化剂等，按危险特性、防火要求等应单独存放，符合安全要求。如玻璃钢防腐的促进剂是一种催化剂，能降低固化剂临界反应温度，遇明火、高温易燃，甚至发生爆炸，固化剂与促进剂库房安全存放距离应不小于5m。

（5）库房内输配电线路、灯具、火灾事故照明和疏散指示标志都应符合安全要求。

（6）装卸、搬运化学危险品时应按有关规定进行，做到轻装、轻卸。严禁摔、碰、撞、击、拖拉、倾倒和滚动。

（7）根据隔离储存要求确定储存数量和间距，平均单位面积贮存量不超过0.5t/m^2。

（8）及时对库房进行清理，将各种易燃辅料及棉纱、破布、废弃的油漆桶等集中清理出库房，妥善存放。

7. 油漆中毒有哪些症状？

（1）轻度中毒者可有头痛、头晕、流泪、咽干、咳嗽、恶心呕吐、腹痛、腹泻、步态不稳，皮肤、指甲及粘膜紫绀，急性结膜炎，耳鸣，畏光，心悸以及面色苍白等症状。

（2）中度和重度中毒者，除上述症状加重，嗜睡，反应迟钝，神志恍惚等外，还可能迅速昏迷，脉搏加速，血压下降，全身皮肤粘膜紫绀，呼吸增快，抽搐，肌肉震颤，有的患者还可出现躁动及周围神经损害，甚至呼吸困难，休克。

8. 油漆中毒的应急处理方式有哪些？

（1）吸入中毒者，应迅速将患者移至空气新鲜处，保暖休息。

（2）口服中毒者应用0.5%的活性炭悬浮液或2%碳酸氢钠溶液洗胃催吐，然后服导泻和利尿药物，以加快体内毒物的排泄，减少毒物吸收。

(3)皮肤中毒者，应换去被污染的衣服和鞋袜，用肥皂水和清水反复清洗皮肤和头发。

(4)有昏迷，抽搐患者，应及早清除口腔异物，保持呼吸道的通畅，由专人护送医院救治。

9. 油漆作业安全防护注意事项有哪些?

(1)加强管理，作业人员上岗前应经过安全培训，应告知作业人员油漆中毒的危险，督促作业人员严格按照作业规程操作。

(2)密闭空间作业前应先进行通风换气，并配备良好的通风设施。

(3)油漆作业能造成苯中毒，故应配备防毒面具等合适劳动防护用品。

(4)喷漆作业属有毒作业，应调整人员作业时间，避免长时间作业。

10. 喷砂作业安全操作规定有哪些?

(1)工作前必须穿戴好防护用品，工作时不得少于两人。

(2)储气罐、压力表、安全阀要定期校验。储气罐要定期排放废水，砂罐上的过滤器每月检查一次。

(3)喷砂机工作时，禁止无关人员靠近。清扫和调整运转部位时，应停机进行。

(4)压缩空气阀要缓慢打开，气压不准超过0.8MPa。

(5)喷砂作业时，应先开压缩空气控制阀，再开砂子控制阀；停止喷砂时，应先关掉砂子控制阀，再关掉压缩空气控制阀。

(6)喷砂喷枪出现堵塞时，必须先关掉压缩空气控制阀和砂子控制阀后再进行处理，不得用压缩空气吹身上灰尘，不得用喷枪打闹。

(7)定期检查压缩空气带和喷砂带，出现鼓包或破损的应立即换掉；压缩空气带和喷砂带上不能覆盖其他杂物。

(8)密闭空间喷砂时，应照明、通风良好，防止出现质量事故和安全事故。

(9)喷砂作业人员之间保持足够的安全间距，防止出现安全事故。

11. 玻璃钢防腐中的固化剂和促进剂的储存和使用有哪些安全要求？

(1)玻璃钢防腐中的固化剂和促进剂的使用要求：

①固化剂：玻璃钢防腐用固化剂是一种有机过氧化物，属于易燃易爆物品，闪点50℃，遇明火、高温、撞击有爆炸的危险。

②促进剂：玻璃钢防腐用促进剂是一种催化剂，能降低固化剂临界反应温度，遇明火、高温易燃，甚至发生爆炸。

③使用过程中固化剂与促进剂坚决不能直接混合，否则会发生剧烈爆炸。正确的使用方法是先将促进剂按一定比例加入到树脂中，搅拌均匀。再加入一定比例的固化剂搅拌均匀，再进行生产操作。

(2)玻璃钢防腐中的固化剂和促进剂的安全要求：

①存放安全：固化剂与促进剂库房安全存放距离应不小于5m；于阴凉、通风处存放；并与其他化学药品及金属制品分开存放，并要做好消防及防火措施。

②生产区域存放固化剂与促进剂应遵照少量多取的原则。

③消防安全：生产车间禁止明火，使用电器设备应尽量远离固化剂与促进剂存放及手糊操作区，使用电器时要在附近准备消防器材或水。

④人身安全：固化剂是一种很强的氧化剂，对人皮肤有很强的腐蚀性，若不慎滴洒到皮肤上会有灼伤感，若进入眼睛则很可

能造成短时失明，因此在用固化剂时要做好防护，带上手套，有条件尽量带上防护眼睛。促进剂对人体也有很大危害，使用时尽量避免直接接触。

12. 高压无气喷涂机使用安全措施有哪些？

(1)设备在使用前，应仔细检查高压无气喷涂机的接地是否良好，油漆管是否接地，油漆管是否有裂口、损坏、老化、管路的各接头是否牢固，有无松动处。

(2)操作者应穿戴好劳保用品，工作服应为防静电服装，工作鞋应无铁钉。

(3)操作时应从低压启动，逐渐加压，观察管路各部位及设备是否正常。

(4)不得将喷枪对准自己或他人，以免误伤人。不要将手伸向喷枪的喷嘴前，作业中断时，要上好喷枪的安全锁。

(5)不能用硬的铁钉或针疏通喷嘴。喷嘴堵塞时，可用木针疏通。

(6)工作结束后，应及时清理油漆系统，所用设备必须彻底清洗干净，以防油漆固化堵塞设备。

第二章 通用安全

1. 干粉灭火器(图4-2-1)的使用方法是什么?

(1)使用手提式干粉灭火器时，应手提灭火器的提把，迅速赶到着火处。

(2)在距离起火点5m左右处，放下灭火器。在室外使用时，应占据上风方向。

(3)使用前，先把灭火器上下颠倒几次，使筒内干粉松动。

(4)先拔下保险销，一只手握住瓶底，另一只手用力压下压把，干粉便会从喷嘴喷射出来。

(5)用干粉灭火器扑救流散液体火灾时，应从火焰侧面，对准火焰根部喷射，并由近而远，左右扫射，快速推进，直至把火焰全部扑灭。

(6)用干粉灭火器扑救容器内可燃液体火灾时，亦应从火焰侧面对准火焰根部，左右扫射。当火焰被赶出容器时，应迅速向前，将余火全部扑灭。灭火时应注意不要把喷嘴直接对准液面喷射，以防干粉气流的冲击力使油液飞溅，引起火势扩大，造成灭火困难。

(7)用干粉灭火器扑救固体物质火灾时，应使灭火器嘴对准燃烧最猛烈处，左右扫射，并应尽量使干粉灭火剂均匀地喷洒在燃烧物的表面，直至把火全部扑灭。

(8)使用干粉灭火器应注意灭火过程中应始终保持直立状态，

不得横卧或颠倒使用，否则不能喷粉；同时注意干粉灭火器灭火后防止复燃，因为干粉灭火器的冷却作用甚微，在着火点存在着炽热物的条件下，灭火后易产生复燃。

图4-2-1　干料灭火器

2. 手持式电动角磨机安全操作规程有哪些?

(1)使用角磨机前请仔细检查保护罩、辅助手柄，必须完好无松动。

(2)插头插上之前，务必检查机器开关是否处在关闭的位置。

(3)装好打磨片前注意是否出现有受潮现象和缺角等现象，并且安装必须牢靠无松动，严禁使用非专用工具敲打砂轮夹紧螺母。

(4)使用的电源插座必须装有漏电开关装置，并检查电源线有无破损现象。

(5)角磨机在使用前必须要开机试转，看打磨片运行是否平稳正常，检查碳刷的磨损程度由专业人员适时更换，确认无误后方可正常使用。

(6)角磨机在操作时的磨切方向严禁对着周围的工作人员及一切易燃易爆危险物品，以免造成不必要的伤害。

(7)事前夹紧工件，打磨片与工件的倾斜角度约在30°~40°为宜。切割时勿重压、勿倾斜、勿摇晃。

(8)使用角磨机时要切记不可用力过猛，要徐徐均匀用力，以免发生打磨片撞碎的现象，如出现打磨片卡阻现象，应立即将角磨机提起，以免烧坏角磨机或因打磨片破碎，造成不安全隐患。

(9)严禁使用无安全防护罩的角磨机，对防护罩出现松动而无法紧固的角磨机严禁使用并由专人及时修理，严禁擅自拆卸角磨机。

(10)角磨机工作时间较长而机体温度大于50℃以上并有烫手的感觉时，应立即停机待自然冷却后再行使用。

(11)操作角磨机前必须配带防护眼镜及防尘口罩，防护设施不到位不准作业。

(12)更换打磨片时必须关闭电源或拔掉电源线，确认无误后方可进行砂轮片的更换，务必使用专用工具拆装，严禁乱敲乱打。

(13)定期检查传动部分的轴承、齿轮及冷却风叶是否灵活完好，适时对转动部位加注润滑油，以延长角磨机的使用寿命。

3. 抛丸机的操作规程有哪些？

(1)操作者必须经过培训，熟练掌握抛丸机的设备性能和工作原理，非专业人员严禁操作设备。

(2)开机前必须认真检查设备的各部位是否处在安全位置，并做好各润滑点的加油润滑。

(3)操作步骤：

①开机步骤，先把工件送进抛丸清理室内微调1.5~2挡范围内，然后启动风机1→风机2→分离开→提升开→绞龙开→抛丸1开→抛丸2开→按顺序依次开到抛丸12开→供完总开，清理工

作开始。

②关机步骤，供丸总关→提升关→绞龙关→分离关→抛丸 12 关→抛丸 11 关→按顺序依次关到抛丸 1 关→风机 2 关→风机 1 关→，清理工作结束。

(4)操作工必须穿戴好防护工作服、眼镜，在机械正常运转后应及时离开抛丸机进出口的正面和两侧，防止钢丸穿出伤人。

(5)在启动各工作按钮时，要认真观察各项工作是否正常运行。如有发现故障和失灵时应立即停止，在检查维修中必须关闭电源，以免造成触电或其他事故发生。

(6)操作人员经常检查供丸系统，保持钢丸良好的流通，以防堵塞造成产品质量的影响。

(7)对散落在抛丸机设备周围的钢丸，必须经常清扫，使钢丸循环使用。

(8)操作人员巡回检查设备运行情况，发现故障及时处理，不得带病使用，严防事故发生。

(9)下班前要关闭电源，锁好电控柜，每天填写设备运行记录。

(10)定期清理除尘器及过滤网，保持除尘系统正常运行。

4. 塔吊的操作规程有哪些?

(1)操作人员必须持证上岗，严禁酒后作业，严禁以行程开关代替停车操作，严禁违章作业和擅离工作岗位或把机器交给他人驾驶。

(2)使用前，应检查各金属结构部件和外观情况完好，空载运转时声音正常，重载试验制动可靠，各安全限位和保护装置齐全完好，动作灵敏可靠，方可作业。

(3)操纵室远离地面的塔吊在正常指挥发生困难时，可设高空、地面两个指挥人员，或采用对讲机等有效联系办法进行指挥。

(4)塔吊作业时，应有足够的工作场地，塔吊起重臂杆起落及回转半径内无障碍物。操作各控制器时，应依次逐步操作，严禁越挡操作。在变换运转方向时，应将操作手柄归零，待电机停止转动后再换向操作，力求平稳，严禁急开急停。

(5)塔吊作业时，起重臂和重物下方严禁有人停留、工作或通过。吊运时，严禁从人上方通过。吊运重物时，应先离开地面一定距离，检查制动可靠后方可继续进行。不得超载荷和起吊不明重量的物件。

(6)严禁起吊重物长时间悬挂在空中，作业中遇突发故障时，应采取措施将重物降落到安全地方，并关闭电机或切断电源后进行检修。在突然停电时，应立即把所有控制器拨到零位，断开电源总开关，并采取措施将重物安全降到地面。

(7)严禁使用塔吊进行斜拉、斜吊和起吊地下埋设或凝结在地面上的重物。现场浇筑的混凝土构件或模板，必须全部松动后方可起吊。

(8)重物提升和降落速度要均匀，严禁忽快忽慢和突然制动。左右回转动作要平稳，当回转未停稳前不得作反向动作。非重力下降式塔吊，严禁带载自由下降。

(9)起吊重物时应绑扎平稳、牢固，不得在重物上堆放或悬挂零星物件。零星材料和物件，必须用吊笼或钢丝绳绑扎牢固后，方可起吊。标有绑扎位置或记号的物件，应按标明位置绑扎。

(10)设备在运行中，如发现机械有异常情况，应立即停机检查，待故障排除后方可进行运行。

(11)作业完毕后，塔吊应停放在轨道中间位置，起重臂应转到顺风方向，并松开回转制动器，小车及平衡重应置于非工作状态，吊钩宜升到离起重臂顶端2～3m处。

5. 行吊的操作规程有哪些？

(1)行吊使用前，必须检查吊装物体的挂钩、绳索是否牢固。

(2)行吊使用时不准斜吊斜放起吊的物体；行吊禁止超过负荷运行。

(3)行吊必须要专人操作，严格遵守行车的安全操作规程。

(4)使用拖挂电气开关起动，绝缘必须良好，正确按动电钮，注意站定位置。

(5)特殊情况时(越障碍物)被吊物体周围严禁有人。

(6)行吊运行中，被吊物体严禁在人头顶上越过，被吊物体上方也不准站人。

(7)吊车接近轨道尽头时必须减速运行。

(8)不准行吊吊着工件进行机械加工。

(9)行吊运行中，未完全停止前，严禁改开倒车，行吊行至轨道两端时，且勿开的过猛，以免碰撞损坏行吊。

(10)行吊出现故障后，应立及时进行修理，不得带病运行。

(11)吊装完毕后，应将吊钩上升到离地面2m以上高度(此时电动葫芦在人字梁中间)，并将行车开至轨道挡板处(离挡板10cm)，切断手柄控制电源。并详细填写设备运转记录。

6. 空压机的操作规程有哪些？

(1)空压机操作人员必须按照国家有关规定经专门的安全作业培训，取得特种作业操作资格证书，方可上岗操作。

(2)开机前按设备操作规程对设备进行点检、润滑和保养。

(3)机器在运转或设备有压力的情况下，不得进行任何修理工作。

(4)空压机是特种设备，要细心保养，压缩机油必须每两个月更换一次，并时刻确保压缩机油不得低于油位线。

(5)在运转中若发生不正常的声响、振动或其他故障，应立即停车检修好才准使用。

(6)每工作16h必须将空压机气罐下的放水阀打开，将废水放尽后，再将放水阀关紧。

(7)每工作8h后，必须将油水分离器下的阀门和除尘器上的气包阀门打开，将废水放尽后，再将放水阀关紧。

(8)当检查修理时，应注意避免木屑、铁屑、拭布等掉入汽缸、储气罐及导管里。

(9)压力表每年校验一次，储气罐、导管接头外部每年检查一次，内部检查和水压强度试验三年一次，并要做好详细纪录，在储气罐上注明工作压力、下次试验日期。

(10)不得自行调整安全阀释放压力，无论何时有压力通过安全阀释放，必须立即查明造成压力过高释放的原因，并应及时进行处理。空压机的滤清器，必须每月清洗一次，并及时更换易损件。

(11)严禁拆除安全防护装置，安全防护装置失效应立即停机检修。

(12)保持工作场所整洁、干净、符合清洁生产要求。

7. 轴流风机安全使用要求有哪些?

(1)轴流风机用于通风时，送风和排风都可以。在密闭空间内有有害气体或易燃气体、沙尘时，应使用排风。

(2)轴流风机安置在密闭空间内时，要设置警戒标志，安全通道和排风口要分开设置，不能共享。

(3)在密闭空间内有有害气体或易燃气体时，轴流风机应采用防爆型。

(4)发现电缆线漏电时，必须事先切断电源，然后及时通知电气人员处理。

(5)电风扇的前端、后端，必须有保护筛网，防止叶片伤人。

(6)电风扇移动位置时，必须首先切断电源，不得在转动时移动。

(7)电风扇必须接好完整可靠的接地线。

(8)禁止用手触摸风扇吸风口，并且不准靠近吹风。

(9)排风时，要考虑自然风向，要选择顺风通风。

8. 怎样使用五点式安全带?

(1)拿住安全带(见图 4-2-2)背部的 D 型环，打开所有的搭扣，确保织带自然下垂，没有扭结缠绕。

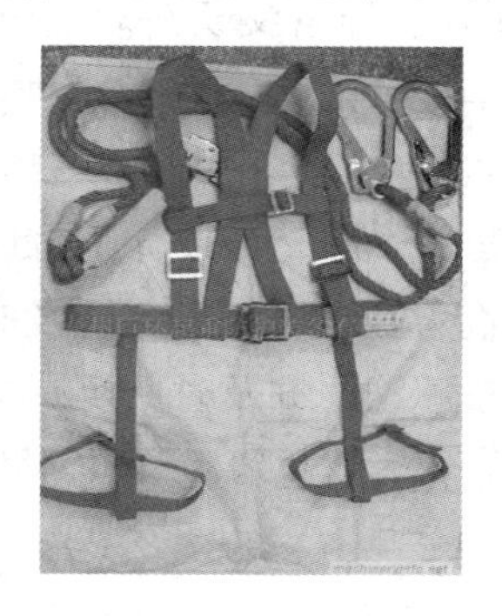

图 4-2-2　五点式安全带

(2)像穿马夹一样，将安全带穿上身，D 型环应位于背部中间，与肩胛骨齐平。

(3)调节并锁紧胸部织带。

(4)将过长的织带穿过固定环来固定。

(5)将左侧腿部织带从两腿间穿过，确保织带没有扭结，系紧左侧搭扣，用同样的方法再系右侧腿部织带。

(6)调节腿部织带长度，使织带正好位于臀部下方，当手掌打开时可以穿过织带与身体间的空隙，而握紧拳头时无法穿过，即为松紧调整到位。

9. 现场施工使用的安全电压是多少？

一般情况下为直流24V，潮湿或密闭环境下应为直流12V。

10. 高空作业时，脚手架使用有哪些注意事项？

(1)在脚手架入口处，挂有绿色牌子的为合格架设，可以使用；红色牌子为不合格架设，不能使用。

(2)不许踩蹬脚手架进行工作。

(3)不许擅自对脚手架进行修改。在脚手架立杆上拴绑滑轮运输材料时，每次吊运质量不要超过40kg。

(4)多层作业时，上下层应错开作业。

11. 现场施工用电应注意什么事项？

应采用“三相五线制”并实行“一机一闸一漏一箱”。

12. 固体危废物贮存和处置有什么要求？

根据GB 18599—2001《一般工业固体废物贮存、处置场污染控制标准》的要求：

(1)施工过程中产生的油漆桶、稀释剂桶、涂刷用具等不得随意丢弃，必须委托持有“危险废物经营许可证”的单位进行处理。

(2)固体危废物存放场地必须有防雨、防渗措施，有环境保护图形标志牌。

(3)固体废物存放场地应采取防止粉尘污染的措施。

(4)严禁任何人在任何地方点燃刷涂材料的容器和工具，或用刷涂材料作引燃品。

(5)危废物的油漆桶不得私自变卖，防止危废物的污染扩散。

(6)固体危废物的处置，必须有记录、有台账。

附录一 环境温度、相对湿度、露点对照表

相对湿度 Ψ/%	95	90	85	80	75	70	65	60	55	50	45	40	35	30
环境温度 T_a/℃	露点 T_d/℃													
10	9.2	8.4	7.6	6.7	5.8	4.8	3.6	2.5	1.5	0	−1.3	−0.3	−5	−7
11	10.2	9.4	8.6	7.7	6.7	5.8	4.8	3.5	2.5	1	−0.5	−2	−4	−6.5
12	11.2	10.9	9.5	8.7	7.7	6.7	5.5	4.4	3.3	2	0.5	−1	−3	−5
13	12.2	11.4	10.5	9.6	8.7	7.7	6.6	5.3	4.1	2.8	1.4	−0.2	−2	−4.5
14	13.2	12.4	11.5	10.6	9.6	8.6	7.5	6.4	5.1	3.5	2.2	0.7	−1	−3.2
15	14.2	13.4	12.5	11.6	10.6	9.6	8.4	7.3	6	4.6	3.1	1.5	−0.3	−2.3
16	15.2	14.3	13.4	12.6	11.6	10.6	9.5	8.3	7	5.6	4	2.4	0.5	−1.3
17	16.2	15.3	14.5	13.5	12.5	11.5	10.2	9.2	8	6.5	5	3.2	1.5	−0.5
18	17.2	16.4	15.4	14.5	13.5	12.5	11.3	10.2	9	7.4	5.8	4	2.3	0.2
19	18.2	17.3	16.5	15.4	14.5	13.4	12.2	11	9.8	8.4	6.8	5	3.2	1
20	19.2	18.3	17.4	16.5	15.4	14.4	13.2	12	10.7	9.4	7.8	6	4	2
21	20.2	19.3	18.4	17.4	16.4	15.3	14.2	12.9	11.7	10.2	8.6	7	5	2.8
22	21.2	20.3	19.4	18.4	17.3	16.3	15.2	13.8	12.5	11	9.5	7.8	5.8	3.5

续表

相对湿度 Ψ/%	95	90	85	80	75	70	65	60	55	50	45	40	35	30
环境温度 T_a/℃	露点 T_d/℃													
23	22.2	21.3	20.4	19.4	18.4	17.3	16.2	14.8	13.5	12	10.4	8.7	6.8	4.4
24	23.1	22.3	21.4	20.4	19.3	18.2	17	15.8	14.5	13	11.4	9.7	7.7	5.3
25	23.9	23.2	22.3	21.3	20.3	19.1	18	16.8	15.4	14	12.3	10.5	8.6	6.2
26	25.1	24.2	23.3	22.3	21.2	20.1	19	17.7	16.3	14.8	13.2	11.4	9.4	7
27	26.1	25.2	24.3	23.2	22.2	21.1	19.9	18.7	17.3	15.8	14	12.2	10.3	8
28	27.1	26.2	25.2	24.2	23.1	22	20.9	19.6	18.1	16.7	15	13.2	11.2	8.8
29	28.1	27.2	26.2	25.2	24.1	23	21.3	20.5	19.2	17.6	15.9	14	12	9.7
30	29.1	28.2	27.2	26.2	25.1	23.9	22.8	21.4	20	18.5	16.8	15	12.9	10.5
31	30.1	29.2	28.2	26.9	26	24.8	23.7	22.4	20.9	19.4	17.8	15.9	13.7	11.4
32	31.1	30.1	29.2	28.1	27	25.8	24.6	23.3	21.9	20.3	18.6	16.8	14.7	12.2
33	32.1	31.1	30.1	29	28	26.8	25.6	24.2	22.9	21.3	19.6	17.6	15.6	13
34	33.1	32.1	31.1	29.5	29	27.7	26.5	25.2	23.8	21.2	20.5	18.6	16.5	13.9
35	34.1	33.1	32.1	31	29.9	28.7	27.5	26.2	24.6	23.1	21.4	19.5	17.4	14.9
36	35.2	34.1	33.1	32	30.9	29.7	28.4	27	25.7	24	22.2	20.3	18.1	15.7
37	36.2	35.2	34.1	33	31.8	30.7	29.5	27.9	26.5	24.9	23.2	21.2	19.2	16.6
38	37	36	35.1	33.9	32.7	31.5	30.3	28.9	27.4	25.8	23.9	22	19.9	17.5
39		36.8	36.2	34.9	33.8	32.5	31.2	29.8	28.3	26.6	24.9	23	20.8	18.1
40			36.8	35.8	34.7	33.5	32.1	30.7	29.2	27.6	25.8	23.8	21.6	19.2

附录二　常用型钢理论质量与表面积对照表

名　称	规　格	理论质量/(kg/m)	理论表面积/(m^2/m)	理论表面积/(m^2/kg)
等边角钢	∠20×3	0.889	0.075	0.0844
等边角钢	∠20×4	1.145	0.073	0.0638
等边角钢	∠25×3	1.124	0.095	0.0845
等边角钢	∠25×4	1.459	0.093	0.0637
等边角钢	∠30×3	1.373	0.117	0.0852
等边角钢	∠30×4	1.786	0.114	0.0638
等边角钢	∠36×3	1.656	0.141	0.0851
等边角钢	∠36×4	2.163	0.138	0.0638
等边角钢	∠36×5	2.654	0.135	0.0509
等边角钢	∠40×3	1.852	0.157	0.0848
等边角钢	∠40×4	2.422	0.154	0.0636
等边角钢	∠40×5	2.976	0.152	0.0511
等边角钢	∠45×3	2.088	0.177	0.0848
等边角钢	∠45×4	2.736	0.174	0.0636
等边角钢	∠45×5	3.369	0.172	0.0511
等边角钢	∠45×6	3.985	0.169	0.0424
等边角钢	∠50×3	2.332	0.198	0.0849

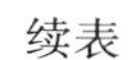

续表

名　称	规　格	理论质量/(kg/m)	理论表面积/(m^2/m)	理论表面积/(m^2/kg)
等边角钢	∠50×4	3.059	0.195	0.0637
等边角钢	∠50×5	3.77	0.192	0.0509
等边角钢	∠50×6	4.465	0.19	0.0426
等边角钢	∠56×3	2.624	0.219	0.0835
等边角钢	∠56×4	3.446	0.217	0.0630
等边角钢	∠56×5	4.251	0.215	0.0506
等边角钢	∠56×8	6.568	0.209	0.0318
等边角钢	∠63×4	3.907	0.249	0.0637
等边角钢	∠63×5	4.822	0.246	0.0510
等边角钢	∠63×6	5.721	0.234	0.0409
等边角钢	∠63×8	7.469	0.238	0.0319
等边角钢	∠63×10	9.151	0.233	0.0255
等边角钢	∠70×4	4.372	0.139	0.0318
等边角钢	∠70×5	5.397	0.138	0.0255
等边角钢	∠70×6	6.406	0.136	0.0212
等边角钢	∠70×7	7.398	0.135	0.0182
等边角钢	∠70×8	8.383	0.133	0.0159
等边角钢	∠75×5	5.818	0.148	0.0255
等边角钢	∠75×6	6.905	0.147	0.0212
等边角钢	∠75×7	7.976	0.145	0.0182
等边角钢	∠75×8	9.03	0.144	0.0159
等边角钢	∠75×10	11.089	0.141	0.0127
等边角钢	∠80×5	6.211	0.316	0.0509
等边角钢	∠80×6	7.373	0.313	0.0425
等边角钢	∠80×7	8.525	0.31	0.0364

续表

名　　称	规　　格	理论质量/(kg/m)	理论表面积/(m^2/m)	理论表面积/(m^2/kg)
等边角钢	∠80×8	9.658	0.308	0.0319
等边角钢	∠80×10	11.874	0.303	0.0255
等边角钢	∠90×6	8.35	0.355	0.0425
等边角钢	∠90×7	9.656	0.351	0.0364
等边角钢	∠90×8	10.946	0.349	0.0319
等边角钢	∠90×10	13.476	0.343	0.0255
等边角钢	∠90×12	15.94	0.338	0.0212
等边角钢	∠100×6	9.366	0.398	0.0425
等边角钢	∠100×7	10.83	0.394	0.0364
等边角钢	∠100×8	12.276	0.391	0.0319
等边角钢	∠100×10	15.12	0.385	0.0255
等边角钢	∠100×12	17.12	0.38	0.0222
等边角钢	∠100×14	20.611	0.375	0.0182
等边角钢	∠100×16	23.257	0.37	0.0159
等边角钢	∠110×7	11.928	0.434	0.0364
等边角钢	∠110×8	13.532	0.431	0.0319
等边角钢	∠110×10	16.69	0.425	0.0255
等边角钢	∠110×12	19.782	0.42	0.0212
等边角钢	∠110×14	22.809	0.415	0.0182
等边角钢	∠125×8	15.504	0.494	0.0319
等边角钢	∠125×10	19.123	0.487	0.0255
等边角钢	∠125×12	22.696	0.482	0.0212
等边角钢	∠125×14	26.193	0.477	0.0182
等边角钢	∠140×10	21.488	0.547	0.0255
等边角钢	∠140×12	25.522	0.542	0.0212

续表

名　称	规　格	理论质量/(kg/m)	理论表面积/(m^2/m)	理论表面积/(m^2/kg)
等边角钢	∠140×14	29.49	0.537	0.0182
等边角钢	∠140×16	33.39	0.532	0.0159
等边角钢	∠160×10	24.729	0.63	0.0255
等边角钢	∠160×12	29.391	0.624	0.0212
等边角钢	∠160×14	33.987	0.619	0.0182
等边角钢	∠160×16	38.518	0.613	0.0159
等边角钢	∠180×12	33.159	0.704	0.0212
等边角钢	∠180×14	38.383	0.699	0.0182
等边角钢	∠180×16	43.542	0.693	0.0159
等边角钢	∠180×18	48.634	0.688	0.0141
等边角钢	∠200×14	42.894	0.781	0.0182
等边角钢	∠200×16	48.68	0.775	0.0159
等边角钢	∠200×18	54.401	0.77	0.0142
等边角钢	∠200×20	60.056	0.765	0.0127
等边角钢	∠200×24	71.168	0.755	0.0106
不等边角钢	∠25×16×3	0.912	0.077	0.0844
不等边角钢	∠25×16×4	1.176	0.075	0.0638
不等边角钢	∠32×20×3	1.171	0.099	0.0845
不等边角钢	∠32×20×4	1.522	0.097	0.0637
不等边角钢	∠40×25×3	1.484	0.126	0.0849
不等边角钢	∠40×25×4	1.936	0.123	0.0635
不等边角钢	∠45×28×3	1.687	0.143	0.0848
不等边角钢	∠45×28×4	2.203	0.14	0.0635
不等边角钢	∠50×32×3	1.908	0.162	0.0849
不等边角钢	∠50×32×4	2.494	0.159	0.0638

续表

名　　称	规　　格	理论质量/(kg/m)	理论表面积/(m^2/m)	理论表面积/(m^2/kg)
不等边角钢	∠56×36×3	2.153	0.183	0.0850
不等边角钢	∠56×36×4	2.818	0.179	0.0635
不等边角钢	∠56×36×5	3.466	0.177	0.0511
不等边角钢	∠63×40×4	3.185	0.203	0.0637
不等边角钢	∠63×40×5	3.92	0.2	0.0510
不等边角钢	∠63×40×6	4.638	0.197	0.0425
不等边角钢	∠63×40×7	5.339	0.194	0.0363
不等边角钢	∠70×45×4	3.57	0.227	0.0636
不等边角钢	∠70×45×5	4.403	0.224	0.0509
不等边角钢	∠70×45×6	5.218	0.222	0.0425
不等边角钢	∠70×45×7	6.011	0.219	0.0364
不等边角钢	∠75×50×5	4.808	0.122	0.0255
不等边角钢	∠75×50×6	5.699	0.121	0.0212
不等边角钢	∠75×50×8	7.431	0.118	0.0159
不等边角钢	∠75×50×10	9.098	0.116	0.0127
不等边角钢	∠80×50×5	5.005	0.255	0.0509
不等边角钢	∠80×50×6	5.935	0.252	0.0425
不等边角钢	∠80×50×7	6.848	0.249	0.0364
不等边角钢	∠80×50×8	7.745	0.247	0.0319
不等边角钢	∠90×56×5	5.661	0.144	0.0255
不等边角钢	∠90×56×6	6.717	0.143	0.0212
不等边角钢	∠90×56×7	7.756	0.141	0.0182
不等边角钢	∠90×56×8	8.779	0.140	0.0159
不等边角钢	∠100×63×6	7.55	0.321	0.0425
不等边角钢	∠100×63×7	8.722	0.317	0.0363

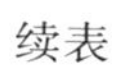

名　　称	规　　格	理论质量/(kg/m)	理论表面积/(m^2/m)	理论表面积/(m^2/kg)
不等边角钢	∠100×63×8	9.878	0.315	0.0319
不等边角钢	∠100×63×10	12.142	0.309	0.0254
不等边角钢	∠100×80×6	8.35	0.177	0.0212
不等边角钢	∠100×80×7	9.656	0.176	0.0182
不等边角钢	∠100×80×8	10.946	0.174	0.0159
不等边角钢	∠100×80×10	13.476	0.172	0.0127
不等边角钢	∠110×70×6	8.35	0.355	0.0425
不等边角钢	∠110×70×7	9.656	0.351	0.0364
不等边角钢	∠110×70×8	10.946	0.349	0.0319
不等边角钢	∠110×70×10	13.476	0.343	0.0255
不等边角钢	∠125×80×7	11.066	0.202	0.0182
不等边角钢	∠125×80×8	12.551	0.200	0.0159
不等边角钢	∠125×80×10	15.474	0.197	0.0128
不等边角钢	∠125×80×12	18.33	0.195	0.0106
不等边角钢	∠140×90×8	14.16	0.451	0.0319
不等边角钢	∠140×90×10	17.475	0.445	0.0255
不等边角钢	∠140×90×12	20.724	0.44	0.0212
不等边角钢	∠140×90×14	23.908	0.435	0.0182
不等边角钢	∠160×100×10	19.872	0.506	0.0255
不等边角钢	∠160×100×12	23.592	0.501	0.0212
不等边角钢	∠160×100×14	27.247	0.496	0.0182
不等边角钢	∠160×100×16	30.835	0.491	0.0159
不等边角钢	∠180×110×10	22.273	0.567	0.0255
不等边角钢	∠180×110×12	26.464	0.561	0.0212
不等边角钢	∠180×110×14	30.589	0.557	0.0182

续表

名　　称	规　　格	理论质量/(kg/m)	理论表面积/(m^2/m)	理论表面积/(m^2/kg)
不等边角钢	∠180×110×16	34.649	0.552	0.0159
不等边角钢	∠200×125×12	29.761	0.632	0.0212
不等边角钢	∠200×125×14	34.436	0.627	0.0182
不等边角钢	∠200×125×16	39.045	0.622	0.0159
不等边角钢	∠200×125×18	43.588	0.617	0.0142
H 型钢	HW100×100×6×8	17.2	0.58	0.0337
H 型钢	HW125×125×6.5×9	23.8	0.73	0.0307
H 型钢	HW150×150×7×10	31.9	0.88	0.0276
H 型钢	HW175×175×7.5×11	40.3	1.03	0.0256
H 型钢	HW200×200×8×12	50.5	1.18	0.0234
H 型钢	HW200×204×12×12	56.7	1.19	0.0210
H 型钢	HW250×250×9×14	72.4	1.48	0.0204
H 型钢	HW250×255×14×14	82.2	1.49	0.0181
H 型钢	HW294×302×12×12	85	1.77	0.0208
H 型钢	HW300×300×10×15	94.5	1.78	0.0188
H 型钢	HW300×305×15×15	106	1.79	0.0169
H 型钢	HW344×348×10×16	115	2.06	0.0179
H 型钢	HW350×350×12×19	137	2.07	0.0151
H 型钢	HW388×402×15×15	141	2.35	0.0167
H 型钢	HW394×398×11×18	147	2.35	0.0160
H 型钢	HW400×400×13×21	172	2.37	0.0138
H 型钢	HW414×405×18×28	233	2.41	0.0103
H 型钢	HW400×408×21×21	197	2.39	0.0121
H 型钢	HW428×407×20×35	284	2.44	0.0086
H 型钢	HM148×100×6×9	21.4	0.68	0.0318

续表

名　　称	规　　格	理论质量/(kg/m)	理论表面积/(m^2/m)	理论表面积/(m^2/kg)
H 型钢	HM194×150×6×9	31.2	0.97	0.0311
H 型钢	HM244×175×7×11	44.1	1.17	0.0265
H 型钢	HM294×200×8×12	57.3	1.37	0.0239
H 型钢	HM340×250×9×14	79.7	1.66	0.0208
H 型钢	HM390×300×10×16	107	1.96	0.0183
H 型钢	HM440×300×11×18	124	2.05	0.0165
H 型钢	HM482×300×11×15	115	2.14	0.0186
H 型钢	HM488×300×11×18	129	2.15	0.0167
H 型钢	HM582×300×12×17	137	2.33	0.0170
H 型钢	HM588×300×12×20	151	2.35	0.0156
H 型钢	HM594×302×14×23	175	2.36	0.0135
H 型钢	HN175×90×5×8	18.2	0.7	0.0385
H 型钢	HN198×99×4.5×7	18.5	0.78	0.0422
H 型钢	HN200×100×5.5×8	21.7	0.78	0.0359
H 型钢	HN248×124×5×8	25.8	0.98	0.0380
H 型钢	HN250×125×6×9	29.7	0.98	0.0330
H 型钢	HN298×149×5.5×8	32.6	1.18	0.0362
H 型钢	HN300×150×6.5×9	37.3	1.18	0.0316
H 型钢	HN346×174×6×9	41.8	1.37	0.0328
H 型钢	HN350×175×7×11	50	1.38	0.0276
H 型钢	HN400×150×8×13	55.8	1.38	0.0247
H 型钢	HN396×199×7×11	56.7	1.57	0.0277
H 型钢	HN400×200×8×13	66	1.58	0.0239
H 型钢	HN450×150×9×14	65.5	1.48	0.0226
H 型钢	HN446×199×8×12	66.7	1.67	0.0250

续表

名　称	规　格	理论质量/(kg/m)	理论表面积/(m^2/m)	理论表面积/(m^2/kg)
H 型钢	HN450×200×9×14	76.5	1.68	0.0220
H 型钢	HN496×199×9×14	79.5	1.77	0.0223
H 型钢	HN500×200×10×16	89.6	1.78	0.0199
H 型钢	HN506×201×11×19	103	1.79	0.0174
H 型钢	HN596×199×10×15	95.1	1.96	0.0206
H 型钢	HN600×200×11×17	106	1.97	0.0186
H 型钢	HN606×201×12×20	120	1.99	0.0166
H 型钢	HN692×300×13×20	166	2.55	0.0154
H 型钢	HN700×300×13×24	185	2.57	0.0139
H 型钢	HN729×300×14×22	191	2.63	0.0138
H 型钢	HN800×300×14×26	210	2.77	0.0132
H 型钢	HP200×204×12×12	56.7	1.19	0.0210
H 型钢	HP244×252×11×11	64.4	1.47	0.0228
H 型钢	HP250×255×14×14	82.2	1.49	0.0181
H 型钢	HP294×302×12×12	85	1.77	0.0208
H 型钢	HP300×300×10×15	94.5	1.78	0.0188
H 型钢	HP300×305×15×15	106	1.79	0.0169
H 型钢	HP338×351×13×13	106	2.05	0.0193
H 型钢	HP344×354×16×16	131	2.07	0.0158
H 型钢	HP350×350×12×19	137	2.07	0.0151
H 型钢	HP350×357×19×19	156	2.08	0.0133
H 型钢	HP388×402×15×15	141	2.35	0.0167
H 型钢	HP394×405×18×18	169	2.37	0.0140
H 型钢	HP400×400×13×21	172	2.37	0.0138
H 型钢	HP414×405×18×28	233	2.41	0.0103

续表

名　　称	规　　格	理论质量/(kg/m)	理论表面积/(m^2/m)	理论表面积/(m^2/kg)
H 型钢	HP400 ×408 ×21 ×21	197	2. 39	0. 0121
H 型钢	HP428 ×407 ×20 ×35	284	2. 44	0. 0086
工字钢	I10	11. 261	0. 432	0. 0384
工字钢	I12. 6	14. 223	0. 505	0. 0355
工字钢	I14	16. 89	0. 553	0. 0328
工字钢	I16	20. 513	0. 621	0. 0303
工字钢	I18	24. 143	0. 682	0. 0282
工字钢	I20a	27. 929	0. 742	0. 0266
工字钢	I20b	31. 069	0. 761	0. 0245
工字钢	I22a	33. 07	0. 817	0. 0247
工字钢	I22b	36. 524	0. 821	0. 0225
工字钢	I25a	38. 105	0. 898	0. 0236
工字钢	I25b	42. 03	0. 902	0. 0215
工字钢	I28a	43. 492	0. 978	0. 0225
工字钢	I28b	47. 888	0. 982	0. 0205
工字钢	I32a	52. 717	1. 124	0. 0213
工字钢	I32b	57. 741	1. 128	0. 0195
工字钢	I32c	62. 765	1. 132	0. 0180
工字钢	I36a	60. 037	1. 187	0. 0198
工字钢	I36b	65. 689	1. 191	0. 0181
工字钢	I36c	71. 341	1. 195	0. 0168
工字钢	I40a	67. 598	1. 285	0. 0190
工字钢	I40b	73. 878	1. 289	0. 0175
工字钢	I40c	80. 158	1. 293	0. 0161
工字钢	I45a	80. 42	1. 411	0. 0175

续表

名　称	规　格	理论质量/(kg/m)	理论表面积/(m^2/m)	理论表面积/(m^2/kg)
工字钢	I45b	87.485	1.415	0.0162
工字钢	I45c	94.55	1.419	0.0150
工字钢	I50a	93.654	1.542	0.0165
工字钢	I50b	101.504	1.546	0.0152
工字钢	I50c	109.354	1.550	0.0142
工字钢	I56a	106.316	1.690	0.0159
工字钢	I56b	115.108	1.694	0.0147
工字钢	I56c	123.9	1.698	0.0137
工字钢	I63a	121.407	1.862	0.0153
工字钢	I63b	131.298	1.866	0.0142
工字钢	I63c	141.189	1.870	0.0132
槽钢	[5	5.44	0.226	0.0415
槽钢	[6.3	6.63	0.262	0.0395
槽钢	[8	8.04	0.307	0.0381
槽钢	[10	10	0.365	0.0365
槽钢	[14a	14.53	0.480	0.0331
槽钢	[14b	16.73	0.484	0.0290
槽钢	[16a	17.23	0.538	0.0312
槽钢	[16b	19.74	0.542	0.0275
槽钢	[18a	20.17	0.596	0.0295
槽钢	[18b	22.99	0.600	0.0261
槽钢	[20a	22.63	0.654	0.0289
槽钢	[20b	25.77	0.658	0.0255
槽钢	[22a	24.99	0.709	0.0284
槽钢	[22b	28.45	0.713	0.0251

续表

名　　称	规　　格	理论质量/(kg/m)	理论表面积/(m^2/m)	理论表面积/(m^2/kg)
槽钢	[25a	27.47	0.772	0.0281
槽钢	[25b	31.39	0.775	0.0247
槽钢	[25c	35.32	0.779	0.0220
槽钢	[28a	31.42	0.847	0.0269
槽钢	[28b	35.81	0.851	0.0238
槽钢	[28c	40.21	0.855	0.0213
槽钢	[32a	38.083	0.947	0.0249
槽钢	[32b	43.107	0.951	0.0221
槽钢	[32c	48.131	0.955	0.0198
槽钢	[36a	48.814	1.053	0.0216
槽钢	[36b	53.45	1.093	0.0205
槽钢	[36c	59.1	1.133	0.0192
槽钢	[40a	58.91	1.144	0.0194
槽钢	[40b	65.19	1.184	0.0182
槽钢	[40c	71.47	1.224	0.0171
圆钢	ϕ5	0.154	0.016	0.1019
圆钢	ϕ5.5	0.187	0.017	0.0926
圆钢	ϕ6	0.222	0.019	0.0849
圆钢	ϕ6.5	0.260	0.020	0.0784
圆钢	ϕ7	0.302	0.022	0.0728
圆钢	ϕ8	0.395	0.025	0.0637
圆钢	ϕ9	0.499	0.028	0.0566
圆钢	ϕ10	0.617	0.031	0.0510
圆钢	ϕ11	0.746	0.035	0.0463
圆钢	ϕ12	0.888	0.038	0.0425

续表

名　　称	规　　格	理论质量/（kg/m）	理论表面积/（m^2/m）	理论表面积/（m^2/kg）
圆钢	$\phi13$	1. 042	0. 041	0. 0392
圆钢	$\phi14$	1. 208	0. 044	0. 0364
圆钢	$\phi42$	10. 876	0. 132	0. 0121
圆钢	$\phi45$	12. 485	0. 141	0. 0113
圆钢	$\phi48$	14. 205	0. 151	0. 0106
圆钢	$\phi50$	15. 4	0. 157	0. 0102
圆钢	$\phi55$	18. 6	0. 173	0. 0093
圆钢	$\phi60$	22. 2	0. 188	0. 0085
圆钢	$\phi65$	26	0. 204	0. 0079
圆钢	$\phi70$	30. 2	0. 220	0. 0073
圆钢	$\phi75$	34. 7	0. 236	0. 0068
圆钢	$\phi80$	39. 5	0. 251	0. 0064
圆钢	$\phi85$	44. 5	0. 267	0. 0060
圆钢	$\phi90$	49. 9	0. 283	0. 0057
圆钢	$\phi95$	55. 6	0. 298	0. 0054
圆钢	$\phi100$	61. 7	0. 314	0. 0051
圆钢	$\phi105$	68	0. 330	0. 0049
圆钢	$\phi110$	74. 6	0. 346	0. 0046
圆钢	$\phi115$	81. 5	0. 361	0. 0044
圆钢	$\phi120$	88. 8	0. 377	0. 0042
圆钢	$\phi125$	96. 3	0. 393	0. 0041
圆钢	$\phi130$	104	0. 408	0. 0039
圆钢	$\phi135$	112	0. 424	0. 0038
圆钢	$\phi140$	121	0. 440	0. 0036
圆钢	$\phi145$	130	0. 456	0. 0035

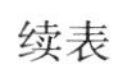

续表

名　　称	规　　格	理论质量/(kg/m)	理论表面积/(m^2/m)	理论表面积/(m^2/kg)
圆钢	ϕ150	139	0. 471	0. 0034
圆钢	ϕ160	158	0. 503	0. 0032
圆钢	ϕ170	178	0. 534	0. 0030
圆钢	ϕ180	200	0. 565	0. 0028
圆钢	ϕ190	223	0. 597	0. 0027
圆钢	ϕ200	247	0. 628	0. 0025
圆钢	ϕ210	272	0. 660	0. 0024
圆钢	ϕ220	298	0. 691	0. 0023
圆钢	ϕ230	326	0. 723	0. 0022
圆钢	ϕ240	355	0. 754	0. 0021
圆钢	ϕ250	385	0. 785	0. 0020
C 型钢	C120 × 50 × 50 × 3. 0	5. 57	0. 526	0. 0944
C 型钢	C140 × 50 × 20 × 2. 0	4. 14	0. 564	0. 1362
C 型钢	C140 × 50 × 20 × 2. 5	5. 09	0. 565	0. 1110
C 型钢	C160 × 60 × 20 × 2. 0	4. 76	0. 644	0. 1353
C 型钢	C160 × 60 × 20 × 2. 2	5. 21	0. 6444	0. 1237
C 型钢	C160 × 60 × 20 × 2. 5	5. 87	0. 645	0. 1099
C 型钢	C160 × 60 × 20 × 3. 0	6. 98	0. 646	0. 0926
C 型钢	C180 × 70 × 20 × 2. 0	5. 39	0. 724	0. 1343
C 型钢	C180 × 70 × 20 × 2. 2	5. 9	0. 7244	0. 1228
C 型钢	C180 × 70 × 20 × 2. 5	6. 66	0. 725	0. 1089
C 型钢	C180 × 70 × 20 × 3. 0	7. 92	0. 726	0. 0917
C 型钢	C200 × 70 × 20 × 2. 0	5. 71	0. 764	0. 1338
C 型钢	C200 × 70 × 20 × 2. 2	6. 25	0. 7644	0. 1223
C 型钢	C200 × 70 × 20 × 2. 5	7. 05	0. 765	0. 1085

续表

名　　称	规　　格	理论质量/(kg/m)	理论表面积/(m^2/m)	理论表面积/(m^2/kg)
C 型钢	C200×70×20×3.0	8.4	0.766	0.0912
C 型钢	C220×75×20×2.0	6.18	0.824	0.1333
C 型钢	C220×75×20×2.2	6.77	0.8244	0.1218
C 型钢	C220×75×20×2.5	7.64	0.825	0.1080
C 型钢	C220×75×20×3.0	8.86	0.826	0.0932
C 型钢	C250×75×20×2.0	6.62	0.884	0.1335
C 型钢	C250×75×20×2.2	7.27	0.8844	0.1217
C 型钢	C250×75×20×2.5	8.23	0.885	0.1075